D51 *Mikado*
日本蒸機の代表

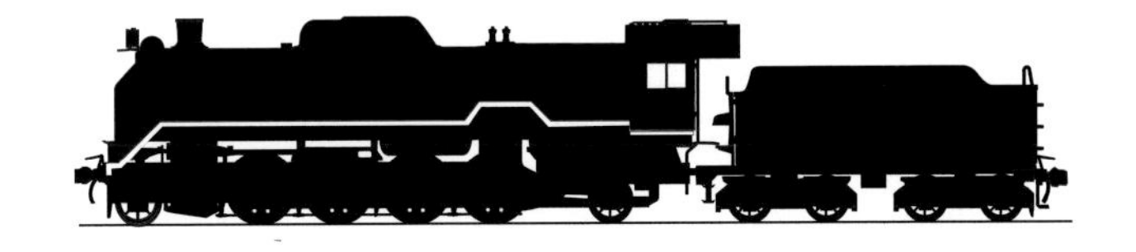

D51200

1970年　現役時代のD51200。中津川

D51 *Mikado* まえがき

わが国におけるもっともよく知られる蒸気機関車、D51。「Mikado」というのは、「帝」、すなわち日本のことを指して、120年も前に名付けられた。それは、先輪1軸、動輪4軸、そして従輪1軸、つまり1D1という軸配置の機関車に対して、米国で命名された名前だ。米国ボールドウィン社でつくられた日本鉄道向けのBt4/6型蒸気機関車、のちの国鉄9700型になるのだが、それが初めての軸配置だったことから「パシフィック」「ハドソン」などと同じように固有名詞の「ミカド」としたのだった。

以来、わが国の大型貨物用蒸気機関車は1D1「ミカド」の軸配置、もちろんD51もそれに倣っているわけで、それを書名にさせてもらった。

それにしてもD51という機関車はいうなればメジャー中のメジャーな存在。ずっと趣味で機関車や鉄道を追いかけてきた、つまり、どちらかというと埋もれたマイナーな存在にスポットを当ててみたい気持を強く持っている小生にとって、メジャーな機関車「デゴイチ」は、ちょっと面映い存在でもあった。

国鉄から蒸気機関車が消えてしまったのち、海外にその姿を求めて彷徨っていた小生に、幸運な仕事がもたらされた。現在は「京都鉄道博物館」になっているが、「梅小路蒸気機関車館」時代、C62 2につづいてD51200の細部を撮影させてもらう、というものだ。

長く鉄道模型を楽しんできたキャリアを活かし、今回も模型制作の参考写真とするための取材であった。見ておきたいところ、よく解らないところを中心に、余すところなくカメラに収めた。ディジタル時代のいま、かつてのようにフィルムの消費を気にすることもなく、1000カットを超える写真を撮影した。

間近かで観察したD51200はいくつもの発見をもたらしてくれた。たとえば安全弁の頭頂部だとか油ポンプ箱の内部だとか、すっかり知っているつもりで模型にしていた細かい部分が、改めて新鮮なインパクトとなった。

発見と記録、というのが小生の鉄道本づくりの一番の目的である。今回も、D51200の細部写真を残すことが、本書の主題となった。

そして、現役時代のD51型の活躍を採り上げたい、と思った。しかし、意外なほど熱心にD51を追い掛けてはいなかった。申し訳ないけれど、メジャーなD51よりもローカル線の小型機に一所懸命だったのだ。鉄道写真をはじめて間なしの頃「奥中山」での興奮を思い出した。

あとは、いまでも見ることのできる保存機関車を訪ねた。メジャーなD51型のなかでの個性派、D51499は好きな機関車のひとつだ。ぜひ、保存機を訪ねてかつての活躍に思いを馳せるのも悪くない。蒸気機関車はやはりいいなあ。

2019年初秋　　いのうえ・こーいち

D51 *Mikado*
もくじ

D51200 詳細フォト

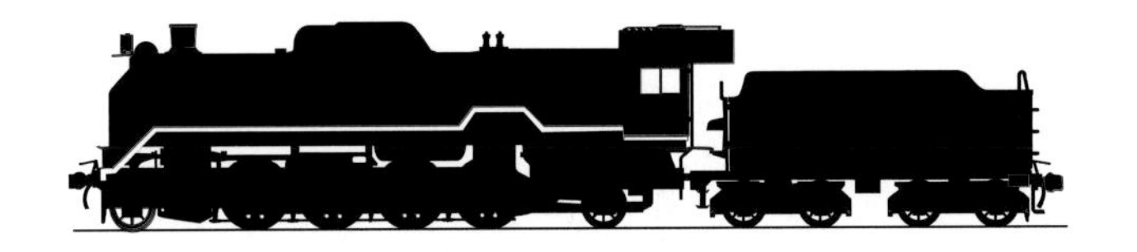

D51200を撮影する。数あるD51のなかでも、標準的なスタイルの持ち主だが、実はこの機関車は「第三次標準先行型」と呼ばれるもので、手動式逆転機の採用が大きな特徴である。それに、鋳鋼台車を履いたテンダーというのが完成時の仕様であった。

蒸気による動力逆転機に換えて、手動式逆転機を導入というのは一見、時代に逆行しているようにも思えるが、手動式の方が微妙な操作が可能ということで、現場からの声が反影されたのだ、という。のちに、動力逆転機付で送り出されたD51型が手動式に換装したという例は少なくない。だから、後年のD51型を見慣れた目には、かえって自動逆転器付の方が異質に見えるのだが、「第三次標準先行型」によって初めて導入されたものだった。

先行試作機ということもあってか、D51200は国鉄浜松工場で製造された。1938（昭和8）年9月に完成し、浜松工場で受持てるように名古屋鉄道管理局稲沢機関区に配属後も、中津川機関区など地元近くで活躍をつづけた。

1972年､「梅小路蒸気機関車館」（現「京都鉄道博物館」）の開館に伴って保存されることになった。このとき、蒸気機関車16型式17輌が保存のために集められたのだが、最多量産機であるD51型に限っては、トップナンバー機D51 1とこのD51200の2輌が召集された。D51 1が｢ナメクジ」、D51200が標準量産機の代表、というところだろうか。

この写真撮影時点では、動態ではあるが車籍はなく、博物館内でのみ運転可能状態だったが、2017年には動態保存に復活、山口線等で保存運転に就いている。

●前面、上面、背面

基本的なメカニズムはじっさいの写真等で詳しく見ていただくとして、ここでは詳細写真を理解するために、D51200の各部を紹介しておこう。

ランニング・ボードから上、いわゆる「上周り」では、煙室前面、煙室、ボイラー、火室とつづき、その後方に運転席すなわちキャブが載る。ボイラー上では前照灯、給水温め器、煙突、ドーム、安全弁が並ぶ。ドームは前方に砂箱、後方に蒸気溜を収め、その蒸気溜の位置から公式側は加減弁がその作動ロッドとともに取り付き、逆の非公式側には汽笛が位置する。加減弁はキャブからの作動ロッドを通してシリンダに送る蒸気を加減する、すなわちスロットル・レヴァとリンクしているわけだ。

蒸気機関車の顔、つまり煙室前面には煙室扉があり、その開閉のための煙室扉ハンドルが付く。顔の真ん中だから、けっこう個性的に目立つもので、D51200の場合、保存状態になってから「四つ角」と呼ばれる形に取り換えられ、しかも磨き出されているのでいっそう目立つ。集煙装置も保存に際して取り外されたため、 煙突が標準よりも少し短いままとなっている。

前照灯は大型のLP403型が付けられているが、それは現役時代から変わってはいない。

フロントデッキには箱状の先台車バネ覆いがある。D51型の場合、給水温め器がボイラー上に搭載されたために、C57など旅客機の多くに見られるデッキ上の丸い温め器本体とはちがう印象だ。

フロントデッキの左右にはデフレクターがあり、完成間なしにはなかった点検窓が、後年追加されているが基本的には標準的なデフだ。ランニング・ボード縁に白線が入れられているのは、保存後の仕様である。

キャブは側面のナンバープレート位置が少し低く感じられるが、現役時代は普通の位置にあった筈だ。加えて撮影時はキャブ屋根後方が曲がり、少しばかりみすぼらしい状態であった。屋上には天窓を中央に、ストーカー排気口、発煙筒、暖房用安全弁などが並ぶ。

テンダーは本来のこの「第三次標準先行型」の仕様とは異なり、D51型に多く見られる板台枠を履いたテンダーになっていた。現役時にあった木製の増炭枠などは撤去されてオリジナルに近い形になっていた。

D51200

● 公式側

機関車のアタマを左に向けた側、つまり左側面を「公式側」という。まずは公式側の補機類について述べよう。

ランニング・ボード途中で山型に盛り上がった部分に収まるのがコンプレッサー。複式と呼ばれる大型のものが付き、ここで発生する圧縮エアによって、空気ブレーキが作動する。コンプレッサーは、キャブから伸びた蒸気によって動く。途中にあるU字状のものは調圧弁。コンプレッサーで得た圧縮エアを貯めるエアタンクが、温度を下げる放熱管とともにランニング・ボード下に取り付く。エアタンクのちょうど上にあるのが手動式逆転機。機関車の前後進を制御するもので、キャブ内で操作。

火室脇のロート状の機器は泥溜め。缶水内の不燃固形物をいったん溜め、排出する。火室の前方下部から導かれ、排出するために排出管が下に伸びる。キャブ下にある分配弁はブレーキのための圧縮エアを機関車本体、列車全体などに分配するための装置である。

速度計のユニットは従台車部分で従輪の回転を検知して、ロッドでキャブ下に導き、運転席の速度計を動かすようになっている。

●非公式側

非公式側で特徴的なのは、コンプレッサーの反対側になる給水ポンプだろう。缶水の補充を行なうためのポンプだが、辿っていくとテンダーの水タンクからの水の流れ、動力源としてキャブ内の分配箱から送られてくる蒸気の流れが解る。ポンプに入る前に水を濾過するチリ濃しがある。ポンプからの水は給水温め器経由で逆止弁からボイラーに注入される。

エンジン後方のランニング・ボード下に吊り下がるように付けられているのは油ポンプ箱。その通り、箱の中にはヴァルヴギア部分から取り出した前後動で駆動される油ポンプが収まっている。

その上方、デフ後方ボイラー中心から出ているハンドル状のものは反射板テコ。煙管から吹き出してきた排気を煙突に向けて角度を変えてやるための反射板を調節する。反対の公式側にはその軸受だけが見える。ボイラーに水を注ぐ逆止弁はその後方にある。

D51 の場合、公式側と同等の大きさのエアタンクが非公式側にも備わる。二次タンクにあたるもので、ボイラー下方を這う配管で左側のタンクと結ばれている。

非公式側キャブ下にある二子三方コックは、線路面、灰箱などに注水する切替スウィッチの役をしているもの。その操作は機関助士の仕事だ。

それぞれの補機類を中心にマクロ感覚で寄った写真までD51200 の詳細までを伝えたい。

D51200

給水温め器
デフレクター
逆止弁
汽笛
発電機
前照灯
煙突
砂箱
ドーム
加減弁
安全弁
先台車
エンジン／シリンダ
モーションプレート
手動式逆転機
左エアタンク
複式コンプレッサー
泥溜

キャブ
テンダー
給水ハッチ
D51200
梅
従台車
速度計
分配弁
テンダー台車
ATS 車上子

D51200

煙室扉／煙室扉ハンドル

■煙室扉ハンドルの開閉：D51200の煙室扉ハンドルは「四つ角」タイプになっていた。右手で操作している下の長いバーはロックの開閉、左手の丸いハンドルが締付け用で、逆ネジが切られている。

前デッキ／担いバネ覆い

連結器

ランニング・ボード前

ランニング・ボード右／左

D51200

前照灯／煙突

給水温め器

ドーム（砂箱／砂撒き管元栓）

ステップ／汽笛

加減弁

安全弁／洗口栓

発電機／ATS 発電機

D51200
鉄道省
濱松工場
昭和13年製造
梅
精 12.5
空 9.0

キャブ

D51200
梅
鉄道省
濱松工場
昭和13年製造
精 12.5
空 9.0

D51200
鉄道省
濱松工場
昭和13年製造
梅

架線注意

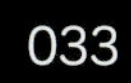

分配弁／キャブ左下
／速度計ロッド

二子三方コック／キャブ右下

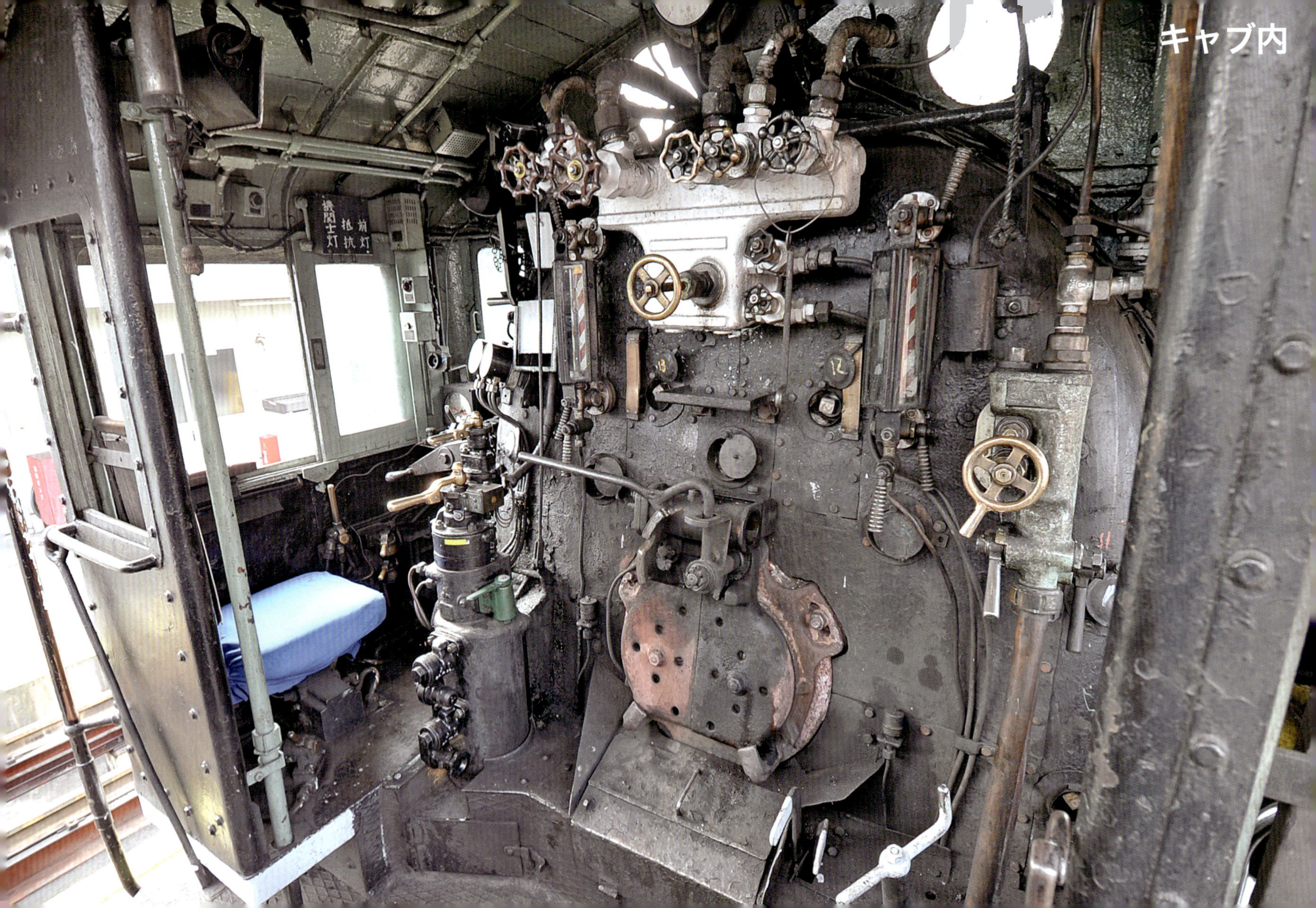

キャブ内

後標灯
後灯
前標灯
13
12

スウィッチ盤

逆転機ハンドル

計器類

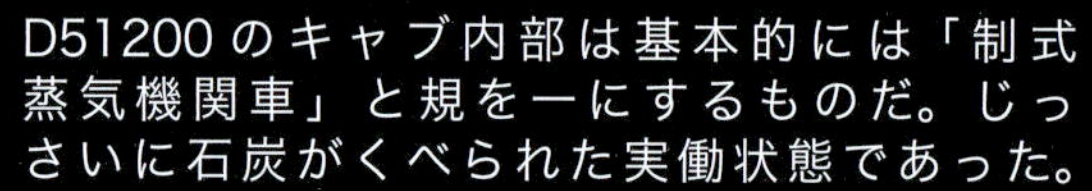
D51200のキャブ内部は基本的には「制式蒸気機関車」と規を一にするものだ。じっさいに石炭がくべられた実働状態であった。

火室扉
石炭投入

ブレーキ弁

ブレーキ・レヴァ

室内灯

焚き口

蒸気分配箱

天窓

給水ポンプ圧力計

キャブ床

汽笛弁

インジェクター

足周り

先台車／クロスヘッド

L D51200
L
D51200

エンジン・シリンダ

ドレイン・コック／空気弁

モーション・プレート

動輪／ロッド／ブレーキ

従台車／イコライザ

速度計

複式コンプレッサー

左エアタンク／右エアタンク

吹出し弁

給水ポンプ／消火栓

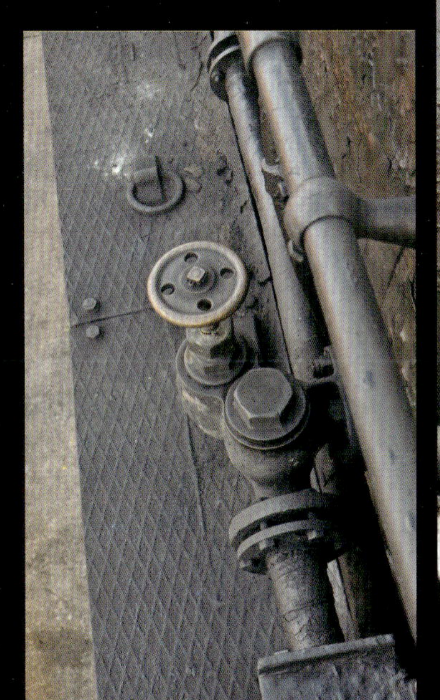

逆止弁／チリ濾し

油ポンプ箱（大）
／反射板ハンドル

手動式逆転機

缶胴受／火室周辺

架線注意

テンダー／石炭取出し口／コック類／吸水ハッチ

テンダ後面

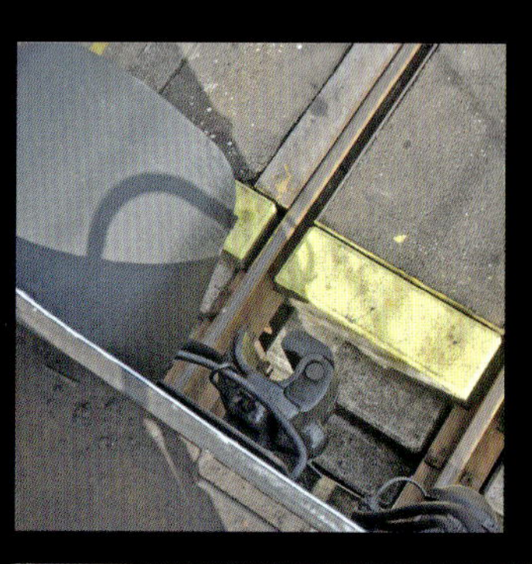

テンダ台車／ATS 車上子

先台車、先輪の付近を床下から覗いてみる。左上の写真で、ロックピンのあるのが先台車のセンターピン位置になる。先輪車軸の左右で軸受が支えているのが解る。上の写真は後につづく動輪部分が見える。

上は先輪に掛かるイコライザー、第一動輪のブレーキ・テコを示す。下は動輪軸箱守の部分とブレーキ・テコの端部が見えている。動輪軸にはしっかり油脂が回っている。写真右方に写っているのは缶胴受けのひとつだ。

●ピットから床下を覗く

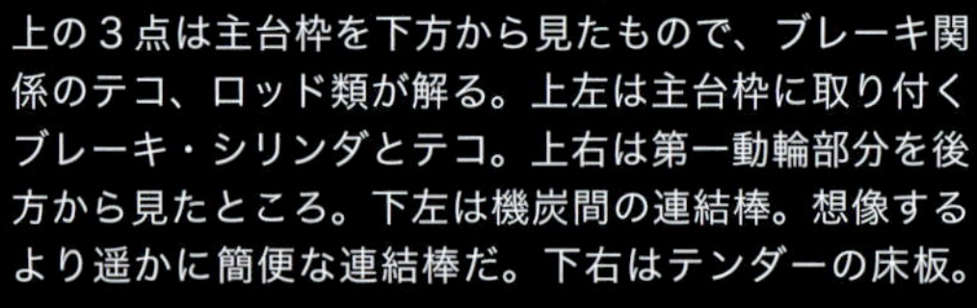

上の３点は主台枠を下方から見たもので、ブレーキ関係のテコ、ロッド類が解る。上左は主台枠に取り付くブレーキ・シリンダとテコ。上右は第一動輪部分を後方から見たところ。下左は機炭間の連結棒。想像するより遥かに簡便な連結棒だ。下右はテンダーの床板。

テンダーの床下部分。テンダー車輪にかかるブレーキのようすや、そのテコ部分。右上がブレーキ・シリンダで、テンダー台車部分には下のようなプレートがロッド代わりに貫通している。手前の横梁が台車の枕はりである。

煙室内／煙室扉開閉

煙室扉ハンドルを緩め、その後にロックを外して煙室扉を開く。稼働中のD51200は煙突に煙が吸い込まれているのが解る。

D51 その誕生と生涯

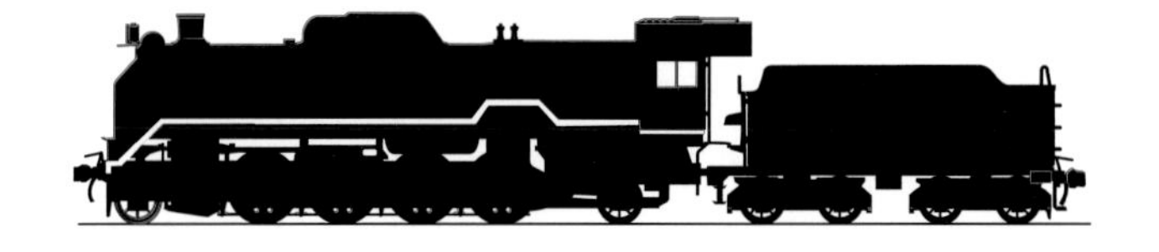

製造所　汽車製造株式会社
　　　　川崎車両株式会社

1D1過熱テンダ機関車

形式 **D51**

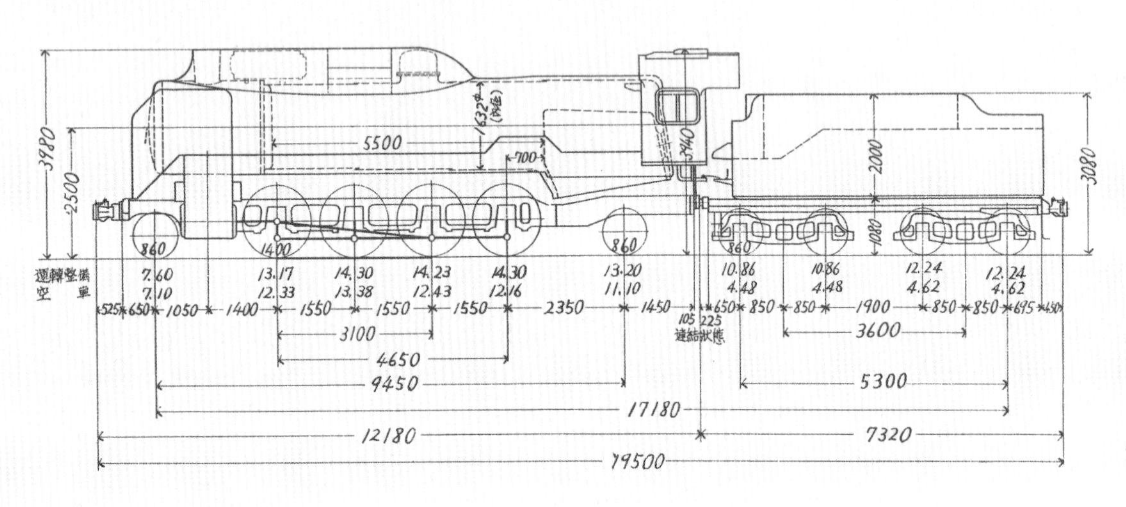

シリンダ　直径×行程	550 × 660 mm	機関車重量　（運転整備）	76.80 t
使用圧	14.0 kg cm²	〃　（空　車）	68.50 t
火格子面積	3.27 m²	機関車動輪上重量（運転整備）	56.00 t
全伝熱面積	221.5 m²	炭水車重量　（　〃　）	46.20 t
過熱伝熱面積	64.4 m²	〃　（空　車）	18.20 t
全蒸発伝熱面積	157.1 m²	水タンク容量	20.0 m³
煙管蒸発伝熱面積	142.7 m²	燃料積載量	8.00 t
火室　〃	12.7 m²	弁装置ノ種類	ワルシヤート式
アーチ管　〃	1.7 m²	製造初年	昭和 11 年
ボイラ水容量	7.4 m³		
大煙管（直径×長×数）	140 × 5500 × 28		
小煙管（　〃　）	57 × 5500 × 90		

換算両数
積　車 12.5
空　車 9.0

● D51型誕生の背景

D51が誕生したのは1935（昭和10）年のことである。わが国の国産蒸気機関車のはじまりは1910年代早々、最後の新製蒸気機関車として知られるのが1948（昭和23）年のE10型タンク機関車だから、脂の乗り切った時期の最高傑作、といってもいいのではあるまいか。

9600型にはじまり、ひと回り大型化されたD50型で1000t牽引という大型貨物用機関車の目標をほぼ達成。その後は、より高速輸送を目指した旅客用機関車の改善に向けられていた。満州事変などという外的要因もあって、ふたたび貨物輸送の強化が求められるようになったことから、新しい貨物用蒸気機関車の開発が求められてきた。

蒸気機関車の設計に関しては、それまで国鉄工作局を中心にメーカー各社が合議し、各部を分担して設計するのが習わしとなっていた。汽車会社、川崎車輛、日立製作所、日本車輛、三菱重工業の五社である。そんななかで、D51型に関しては工作局がすべてをまとめたことが特筆される。設計を迅速スムースに行なうこと、メーカー各社は他機（C55型とC56型が設計途上にあった）の設計に忙しかったこと、などが理由として指摘されているが、もとより真相は計り知れない。

D51型の目標は、性能的にはD50型と同等でいいから、使い勝手の向上に向けられた。具体的には、「乙線区」と呼ばれる、より低規格の線路に乗入れられ、しかも軌道に対して悪影響を軽減する、というものであった。全体の重量軽減や固定軸距離の短縮などが考慮された。D50型の軸重14.99tはD51型では14.30t（のち少々変化するが）に、動輪軸距離は4710mmから4650mmになっている。

技術の進歩によってボイラーの圧力を13kg/cm^{2}から14kg/cm^{2}にアップしたおかげで、シリンダ径はφ570からφ550に縮められた。D50型の台枠は鋼板を切り抜いた、いちおう棒台枠とは呼ばれているものの板に穴があいた程度のものだが、D51型では棒状の枠のみの文字通りの棒台枠になった。もちろん、軽量化に効を奏しただけでなく、強度的にも逆に強くなったといわれる。

● D51型で採用された新機軸

D51型ではいくつかの新機軸も採用されている。その第一は「ボックス動輪」の採用だ。それまで、スポーク動輪が用いられてきたが、タイヤ部分の緩みなどの問題点も指摘されていた。折しも、米国で新たな車輪形状として「Boxpok」車輪が提案された。それをいち早く導入して、「ボックス動輪」として使用したのだ。米語のボックスポックをそのまま使って「ボックス動輪」まではいいとしても、さらには「箱型動輪」と和訳されたのは面白い。

左はD51型のボックス動輪、右はD50型のスポーク動輪。ともにφ1400。

製造所 川崎車両株式会社
汽車製造株式会社
株式会社日立製作所笠戸工場
日本車両製造株式会社
鉄道省 大宮、浜松、鷹取、小倉
工場 郡山、苗穂、長野、土崎

1D1過熱テンダ機関車

形式 **D51**

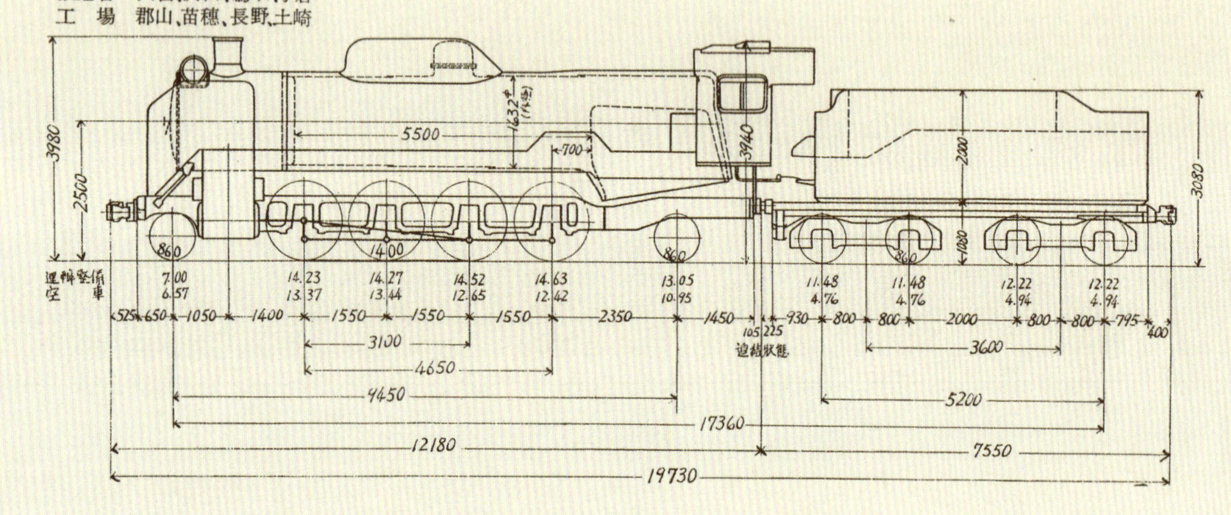

シリンダ 直径×行程	550 × 660 mm	機関車重量 (運転整備)	77.70 t
使用圧	14.0 kg/cm²	〃 (空車)	69.40 t
火格子面積	3.27 m²	機関車動輪上重量 (運転整備)	5 7.65 t
全伝熱面積	221.5 m²	炭水車重量 (〃)	47.40 t
過熱伝熱面積	64.4 m²	〃 (空車)	19.40 t
全蒸発伝熱面積	157.1 m²	水タンク容量	20.0 m³
煙管蒸発伝熱面積	142.7 m²	燃料積載量	8.00 t
火室 〃	12.7 m²	弁装置ノ種類	ワルシヤート式
アーチ管 〃	1.7 m²	製造初年	昭和 13 年
ボイラ水容量	7.4 m³		
大煙管 (直径×長×数)	140 × 5500 × 28		
小煙管 (〃)	57 × 5500 × 90		

換算両数
積車 12.5
空車 9.0

見た目はプレート車輪に孔を適宜あけたような形で、すけすけのスポーク動輪よりもずっと重そうな印象があるが、なかが中空になっていることもあって、その実はスポーク動輪よりも軽いという。前後して登場してくるC55型はリブ付のスポーク動輪、C56型はスポーク動輪だったところに、ボックス動輪のD51型はかなり異彩を放って、注目を浴びたものだ。旅客用の大ボックス動輪はC55型につづくC57型で実現されたのはご存知の通りである。

そしてもうひとつは給水温め器である。ボイラーに注入する水をあらかじめ、排気を利用して温めておく装置だが、それをボイラー上部に設置したのがD51型の大きな外観上の特徴になった。しかし、これには注釈が必要で、一般によく知られるD51型は1935年に登場したときのものとはちがい、1938年からつくられたいわゆる「標準量産型」と呼ばれるグループ。それは煙突の前方に横置き搭載されたお馴染みの顔つきのものだが、最初に登場したときのD51型は「第一次量産型」「半流線型」「ナメクジ」と愛称されるものであった。

ボイラー上に給水温め器を配置するというのは同じだが、ボイラー中心線と平行、つまり縦置き搭載とし、ドームまでも一体のケーシングで覆う独特のスタイリングであった。1935年、昭和10年といえば世界的に大流行した「流線型時代」。クルマはもとより、鉄道車輛、果てはカメラのようなものまで流線型の外観で登場してきたものだ。

D51型は貨物用機関車ではあったけれど、丸みを持ったボイラー前面、それに一体化されたドームなどで「半流線型」を実現していたのだった。それは、貨物用機関車らしくないエレガントな出立ちで、前のD50型の無骨ともいえる風貌からすれば、大きな変わりようである。

D51形 D51200主要諸元

型式	D51形　D51200	
形式	1D1 過熱テンダ機関車	
製造年	昭和13年	
製造所	国鉄浜松工場	
製造番号	25	
●寸法		
全長	19730	mm
機関車本体全長	12180	mm
テンダー全長	7550	mm
全幅	2800	mm
全高	3980	mm
ボイラー中心高	2500	mm
固定軸距離	4650	mm
最大軸距離	17360	mm
動輪直径	1400	mm
先輪直径	860	mm
従輪直径	860	mm
●汽罐		
シリンダ　直径×行程	550×660	mm
使用圧	14.0	kg/cm²
火格子面積	3.27	m²
全伝熱面積	221.5	m²
過熱伝熱面積	64.4	m²
全蒸発伝熱面積	157.1	m²
ボイラー水容量	7.4	m²
大煙管（直径×長さ×数）	140×5500×28	
小煙管（直径×長さ×数）	57×5500×90	

●重量／容量		
機関車重量（運転整備時）	77,70	t
機関車重量（空車時）	69.40	t
機関車動輪上重量（運転整備時）	57.65	t
第一動輪軸重	14.23	t
同　（空車時）	13.37	t
第二動輪軸重	14.27	t
同　（空車時）	13.44	t
第三動輪軸重	14.52	t
同　（空車時）	12.65	t
第四動輪軸重（最大軸重）	14.63	t
同　（空車時）	12.62	t
炭水車重量（運転整備時）	47.40	t
炭水車重量（空車時）	19.40	t
水タンク容量	20.0	m²
燃料積載量	8.00	t
●性能		
最大指示馬力	1400馬力	
シリンダ引張力	16970	kg
●各型式		
ヴァルヴギア形式	ワルシャート式	
先台車型式	LT122	
従台車型式	LT154	
炭水車型式	8-20A	
記　事		

話を戻して、旅客用蒸気機関車の多くをはじめとして（そして改造後の D50 型も）、フロント・デッキ上に設置することの多い給水温め器をボイラー上に持って来たのは、重心が高くなるというデメリットはあるが、メインテナンス性では配管などの取り回しがチェックしやすい、機関車全長を抑えられるという利点がある。ちょっとしたアイディアの産物というものであろうか。

こうした「新機軸」がスムースに導入されたのも、国鉄工作局単独で設計した効果のひとつに数えられるものだ。

●「ナメクジ」D51 型

本書はいわゆる「標準量産型」D51 を主題にしているので、「ナメクジ」D51 型については簡単に述べておこう。登場してきた初期の D51、D51 1 ～は「ナメクジ」がつづいた。初年度の 1935 年は川崎車輌と汽車会社に割り当てられた。D51 1 ～ D5113 が川崎、D5114 ～ D5123 が汽車である。特徴的なのは汽車会社製の D51 型で、まず一番先に登場してきたのは D51 1 ではなくて D5114。2 月 29 日に完成して吹田機関区に配属になった。D51 1 はそれより 1 ヶ月近く遅れて敦賀機関区に姿を現わした、という。

もうひとつ、話題となったのは初年度の汽車製 D5122、23 の 2 輌だ。「ナメクジ」に対して「スーパー・ナメクジ」、つまりボイラー上の給水温め器を覆うケーシングをそのままキャブ部分まで延長したもので、「半流型」という呼び名に対しては「全流型」と呼ばれた。これは、ほどなく「半流型」に改造されてしまうのだが、外観上だけのちがいとはいえ、趣味的にはぜひとも見てみたかったスタイリングではある。

翌年から日立も加わって三社で製造が進められたが、それとは別に、特筆すべきこととして、国鉄の工場での製造も開始された。それはメーカー各社が手一杯であったことと、工場の技術力向上を意図して行なわれたものだ。

その端緒は 1937 年の鉄道省浜松工場である。それが、D51 型として大きなチェンジを施したスタイルで登場したのである。すでに C51 型（製造当時は 18900 型）で製造実績を持っていて、浜松工場の製造順でいうと製造番号 19 番目にあたる D5186 である。それはわれわれのよく知るスタイリング、つまり「ナメクジ」ケーシングを廃し、煙突前方に給水温め器を横置き搭載して登場してきたのだった。質実剛健、貨物用機関車として似つかわしいものとなった。煙室前面の丸みもなくされ、印象としてはダイナミックに大きく変化。その年には D5186 ～ D5190 の 5 輌が浜松工場から送り出された。

結局、それ以前すでに注文されていた D5191 ～ D51100 を含め、D51 1 ～ D5185 を加えた 95 輌が「ナメクジ」D51 型ということになる。

● 量産された「標準型」

先の浜松工場製の一群からは、スタイリングこそ「標準量産型」と呼ばれるものにほぼ等しかったが、試作の意味も込めて「標準先行型」と呼ばれる。この D5186 ～ D5190 と汽車会社製の D51101 ～ D51106 が、「第一次標準先行型」とされた。先の給水温め器の変更以外に、キャブの寸法拡大、テンダー台枠延長などの変化があった。

つづく D51107 ～ D51133 が「第二次標準先行型」になる。これは川崎車輌と日立製作所でつくられ、従台車が従来の一体鋳造タイプから組立てタイプに、テンダー台車が鋳造タイプからいわゆる板台枠に変更されているのが特徴。

製造所 川崎車両株式会社
汽車製造株式会社
株式会社日立製作所笠戸工場
日本車両製造株式会社

1D1過熱テンダ機関車

形式 D51

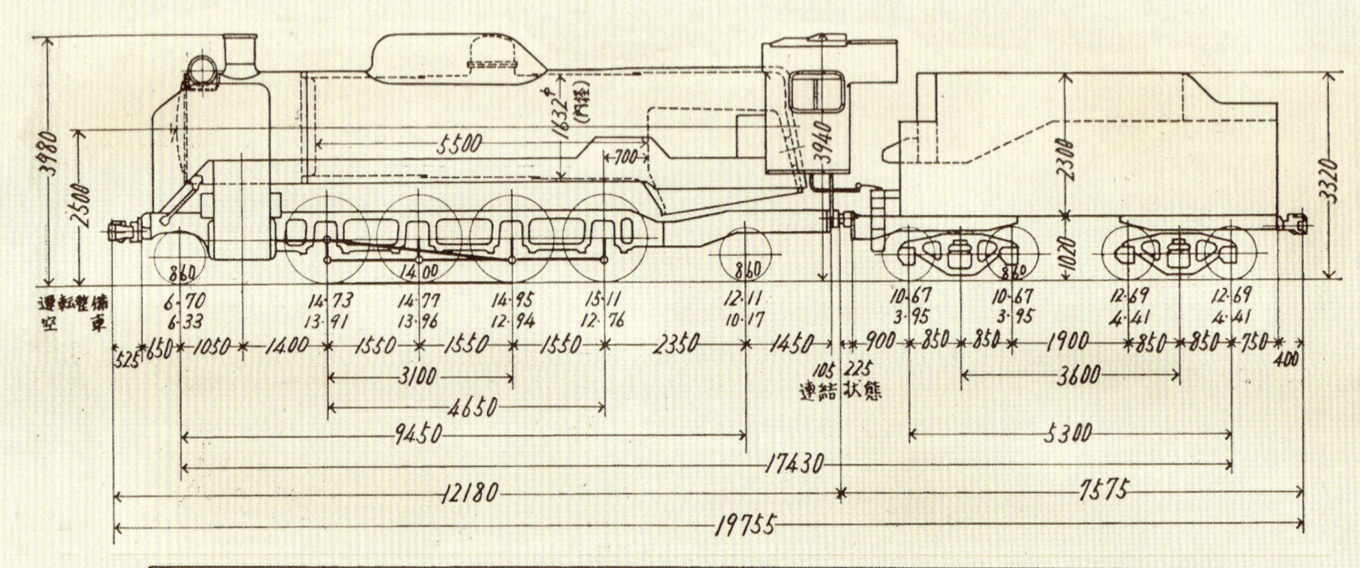

シリンダ 直径×行程	550 × 660 mm	機関車重量 (運転整備)	77.70 t
使用圧	14.0 kg/cm²	〃 (空車)	69.40 t
火格子面積	3.27 m²	機関車動輪上重量 (運転整備)	57.65 t
全伝熱面積	221.5 m²	炭水車重量 (〃)	47.40 t
過熱伝熱面積	64.4 m²	〃 (空車)	19.40 t
全蒸発伝熱面積	157.1 m²	水タンク容量	20.0 m³
煙管蒸発伝熱面積	142.7 m²	燃料積載量	8.00 t
火室 〃	12.7 m²	弁装置ノ種類	ワルシヤート式
アーチ管 〃	1.7 m²	製造初年	昭和 13 年
ボイラ水容量	7.4 m³		
大煙管 (直径×長×数)	140 × 5500 × 28		
小煙管 (〃)	57 × 5500 × 90		

換算両数
積車 12.5
空車 9.0

番号は前後するのだが、まだつづいて1938年につくられたD51199～D51211が「第三次標準先行型」と呼ばれるものとなった。鷹取工場と浜松工場で製造されたものだが、それは現場からの要望もあって、動力逆転機よりも機関士の加減が活かせるということで、手動式逆転機に変更されたのが特徴。本書巻頭のD51200も鉄道省浜松工場製でこれに属する。「第三次標準先行型」は鋳造製テンダ台車付だったが、最終的には手動式逆転機、板台枠テンダ台車付が「標準型」として量産されることとなり、空白になっていた1938年、日車と日立製のD51134～、D51173～から製造に拍車がかけられた。

同じく1938年からは鉄道省の各工場でも製造が行なわれ、それには初めて蒸気機関車を製造することになる大宮工場、長野工場、土崎工場、郡山工場、苗穂工場が含まれる。大宮工場製の第一号機にあたるD51187は、現在も現地で保存されていたりする。上記5工場に鷹取、浜松、小倉工場を加えた8工場で228輛のD51型がつくりだされた。

もちろん各メーカーも大車輪で製造をつづけ、1938年に86輛、1939年137輛、1940年には三菱重工業が加わり5社で114輛が製造され、D51600番代が増備をつづけていた。

● 戦争の足音が聞こえてくる

D51型に限らず、戦時下には材料の倹約、工作の迅速化が求められ、いわゆる「戦時型」と呼ばれる簡素なつくりの車輛が出現した。D51型をさらにパワーアップしたD52型など、機関車の計画自体が戦時下の大量輸送の要望に合わせてつくり出されたものだった。あまりに急を要した粗末なつくりだったことから、戦後の平和が戻るとともに各部を改装して使用したりしたことが知られる。

D51型についても、1943年2月に「戦時設計」案が設定され、3ヶ月後に決議されていたというから、まさしく風雲急を告げていたのだった。戦時型で簡素化された部分というのは、デフレクターやランニング・ボード、フロントデッキ部分の担いバネ・カヴァなどを木材で代用する、ドームの工作を簡略化して「かまぼこ型」にする、さらには給水温め器を省略するなど。1943年、日本車輛製のD51746がその第一弾といわれるが、一挙に戦時型になったわけではなく、手持ちの材料や仕掛かりの状況などを反影していた。順次、簡素化のポイントが増やされていった感じで、メーカーや時期によってその装備はまちまちであった。

その立ち位置が大きく変化するのは1944年になってからのことだ。それまでにD51954までが発注されていた段階で、小さなモデルチェンジを受ける。それは、上記の簡素化に加え、テンダーを上半を木材の枠で代用した船底テンダーとし、台車も貨車用のTR41型を用いることとした。メジャーな変更点56件、細部までみると724件もの変更が指示されたといわれ、番号も飛び番号でD511001から付番されることになる。それが「戦時型」D51となった。

戦時型としてつくられたものの多くは、戦後になって標準型に近く改装されたこともあり、外観はまちまちだ。結局、D511001～1161までが一気につくられ、合計1115輛を数えることになったのだ。いうまでもなく、他に例をみない大世帯。四国を除くほとんど全国的に活躍したのであった。それだけに、使用地域、受持ち工場によるのちのちの変化など、多くのヴァリエイションがある。

基本は貨物用であったが、勾配線区では旅客列車に用いられる例も少なくなかった。

D51「第一次量産型」

機関車好きには「ナメクジ」の愛称で親しまれている初期型のD51。ちょうど世界的な流線型時代で、貨物用機関車でありながら流行に乗ってエレガントな風貌で登場してきた。ドーム内には縦置きされた給水温め器が収まる。テンダーは鋳鋼台車を履いている。95輌を製造したところで、モデルチェンジして「標準量産型」に。

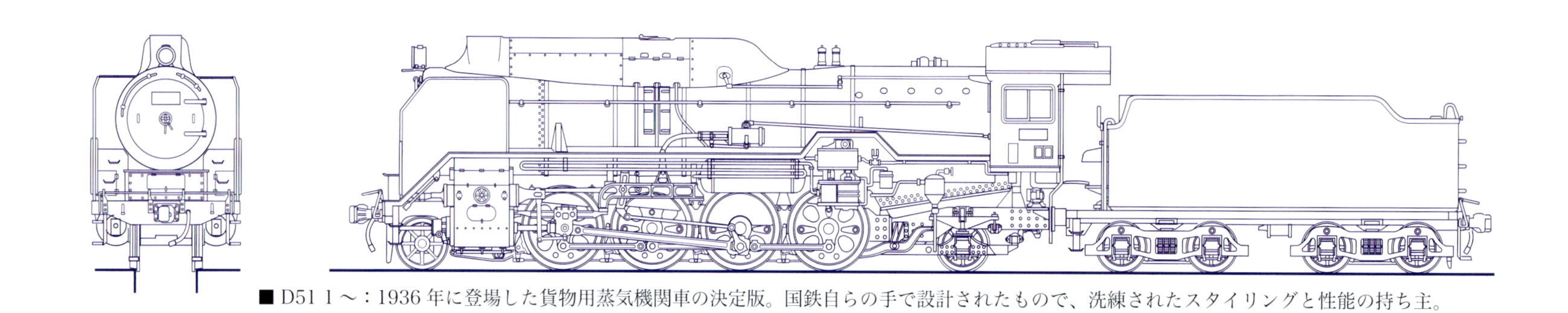

■ D51 1～：1936年に登場した貨物用蒸気機関車の決定版。国鉄自らの手で設計されたもので、洗練されたスタイリングと性能の持ち主。

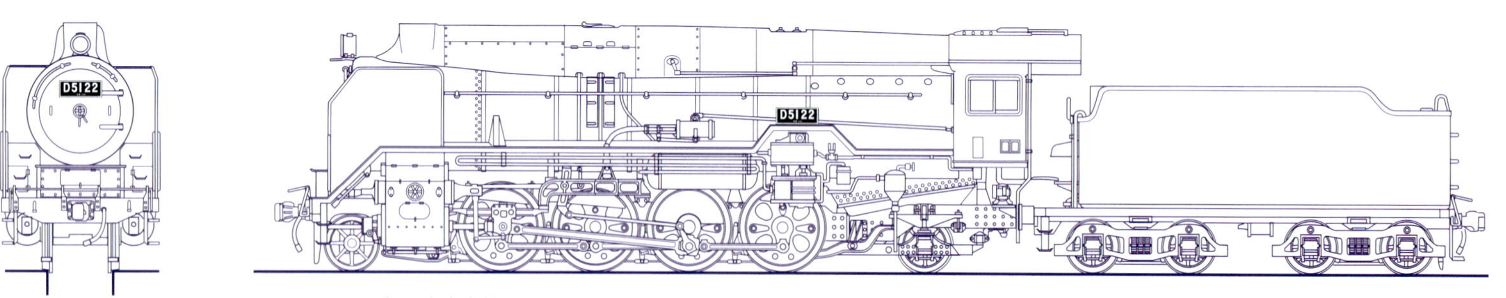

■ D5122、23：1936年、汽車会社でつくられたうちの2輌は特別の仕様として、キャブまで延びたスタイルのドーム・カヴァを備えていた。

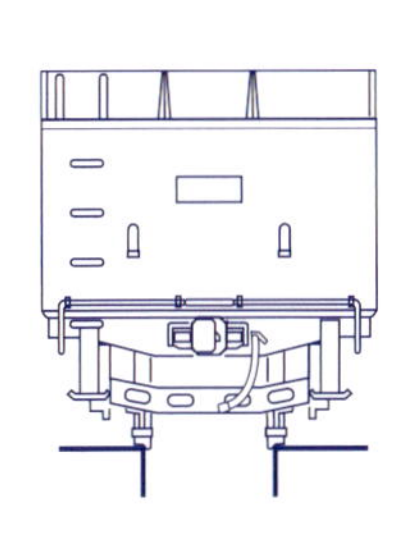

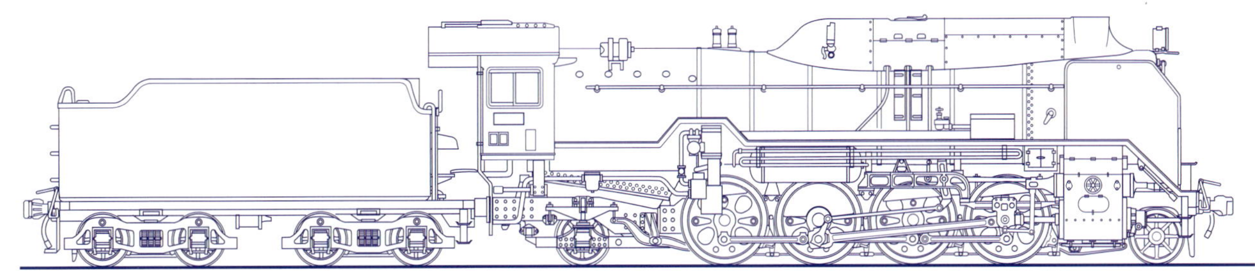

■ D51 1～非公式側：初期型の特徴のひとつは前後方向にミニマムな寸法にされたキャブ。さすがにモデルチェンジの際に拡張された。

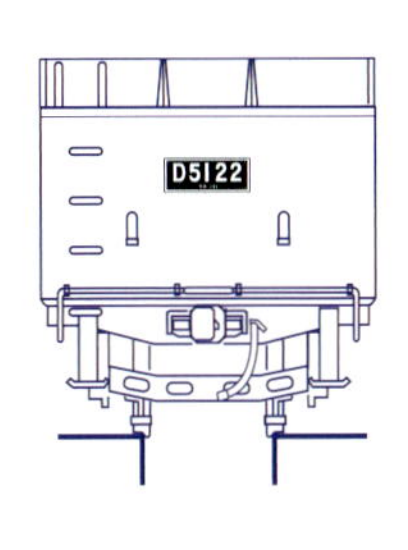

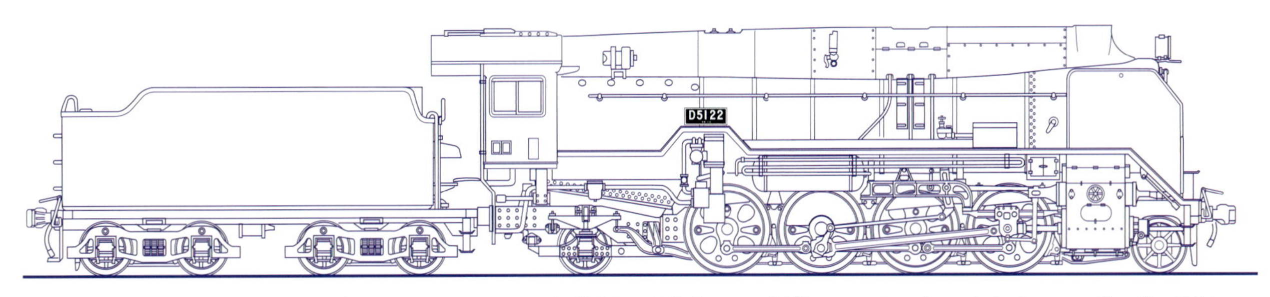

■ D5123 非公式側：D5123 はキャブにタブレット・キャッチャーを付けたこともあって、洒落てナンバープレートをランニング・ボード上に。

D51「先行試作機」

D51 型のモデルチェンジは大きく外観を変更することもあって、まずは「先行試作」が行なわれた。それもひとつだけでなく、「第一次」から「第三次」まで、3 タイプにわたって繰返された。「第一次標準先行型」は 11 輌、「第二次標準先行型」は 27 輌、「第三標準次先行型」は 13 輌と、全部で 51 輌を数える。いわゆる試作という部分だけでなく、それぞれの工場での製造段取りを習得するための先行だったのかもしれない。いくつかのエクイップメントを取捨しながら、最終的に「標準量産型」を決定していく過程は、この先 700 輌をも量産するだけに最善のスペック選択に意を注いだのだろう。国鉄工場を含め、各メーカーで、こののち製造に拍車がかかる。

	第一次標準先行型	第二次標準先行型	第三次標準先行型	標準量産型
番号	D5186 ～ 90、101 ～ 106	D51107 ～ 133	D51199 ～ 211	D51134 ～ 198、212 ～
製造年	1937 年度下期～ 38 年度上期	1938 年度上期	1938 年度上期～ 39 年度上期	1938 年度下期～
製造所	国鉄浜松工場、汽車会社	川崎車輌、日立製作所	国鉄浜松工場、鷹取工場	メーカー 5 社、国鉄 8 工場
従台車	一体式 LT154B	組立て式 LT157	組立て式 LT157	組立て式 LT157
逆転機	動力逆転機	動力逆転機	ネジ手動式逆転機	ネジ手動式逆転機
テンダー	8-20A 型炭水車	8-20B 型炭水車	8-20A 型炭水車	8-20B 型炭水車
テンダ台車	鋳鋼台車	板台枠台車	鋳鋼台車	板台枠台車

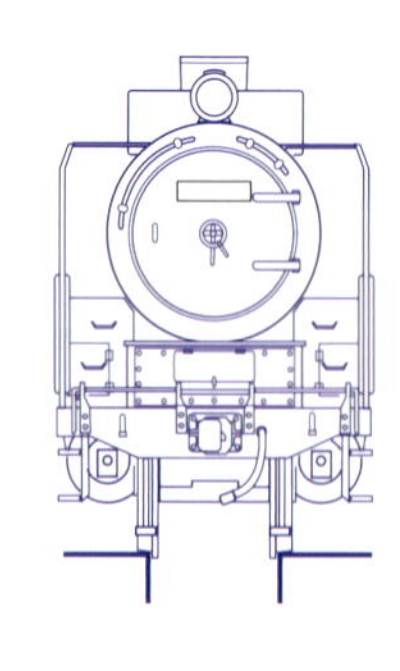

■ D51「第一次標準先行型」：D5186 からモデルチェンジが図られ、その先行試作として、11 輌がつくられた。横置き給水温め器を搭載。

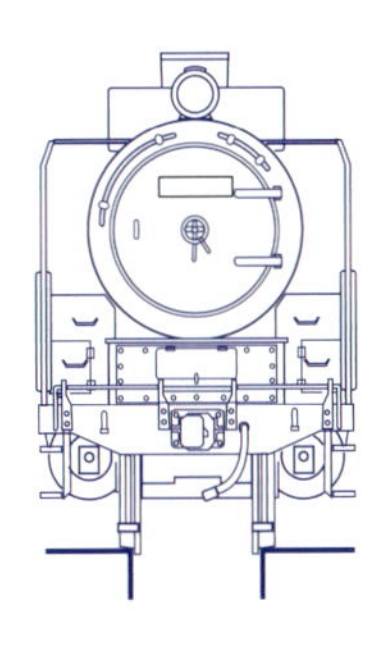

■ D51「第二次標準先行型」：つづく D51107 ～は従台車とテンダーを変更した。テンダ台車が板台枠になっているのが一番の識別点。

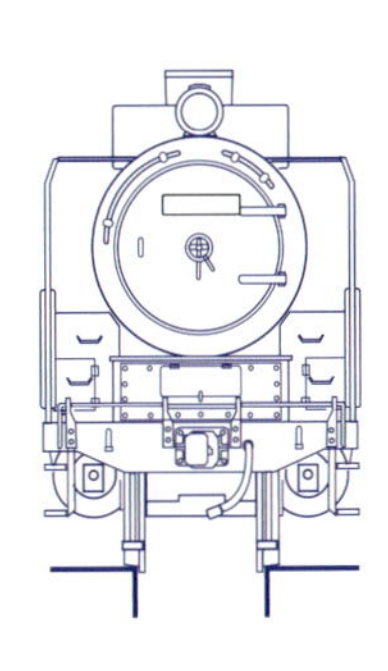

■ D51「第三次標準先行型」：現場からのフィードバックによって、逆転機が手動式のものに変わった。テンダ台車は鋳鋼式を使用。

D51「標準量産型」「戦時型」

すっかりお馴染みの「デゴイチ」スタイルになって、毎年 100 輌を超える勢いで量産がつづく。全国に、標準的な貨物用蒸気機関車の主力機として、D51 型の姿が見られるようになった。それは戦争の足音とともにさらなる増産が求められる。一方で、物資の不足が顕著になり、代用資材などで急場を凌ぎ「戦時型」へと移行する。

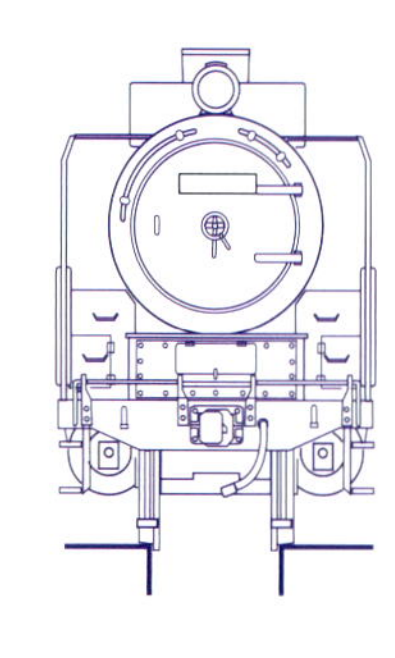
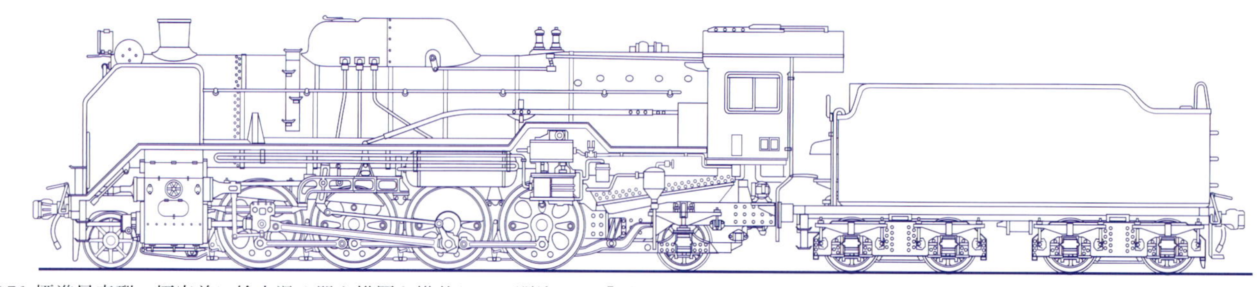

■ D51 標準量産型：煙突前に給水温め器を横置き搭載し、お馴染みの「デゴイチ」スタイルとなった。キャブも前後方向に拡大されている。

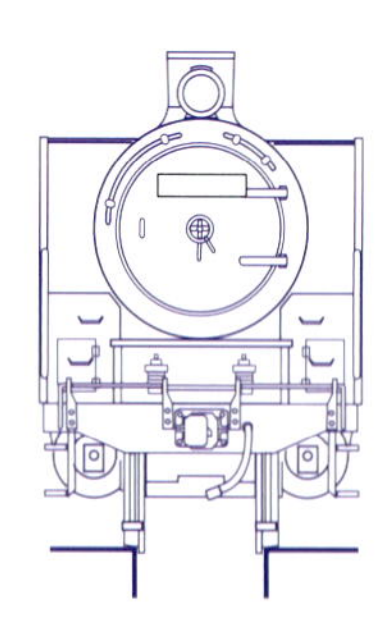

■ D511001 〜：戦時下の資材不足に対応して、各部を簡素化した戦時スタイル。デフレクター、テンダ上部などが木製になってたりいる。

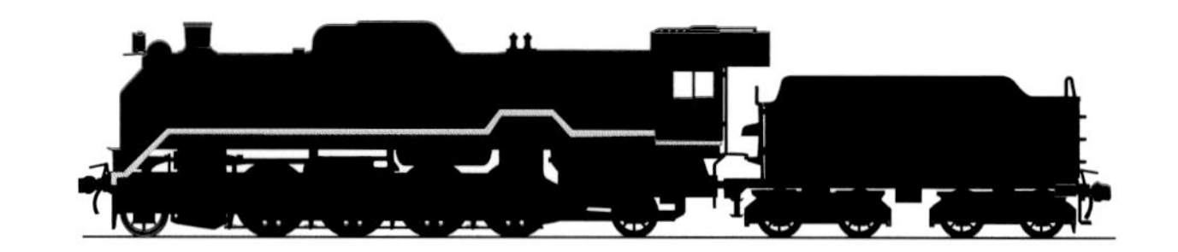

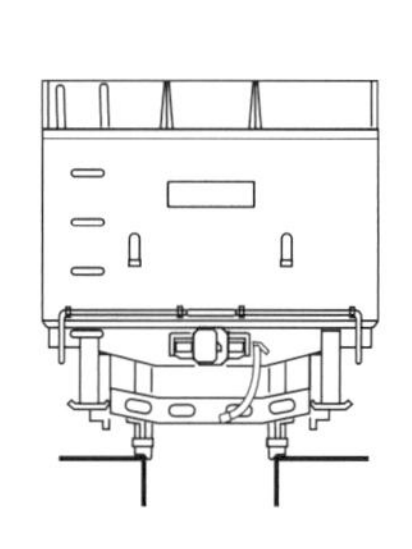

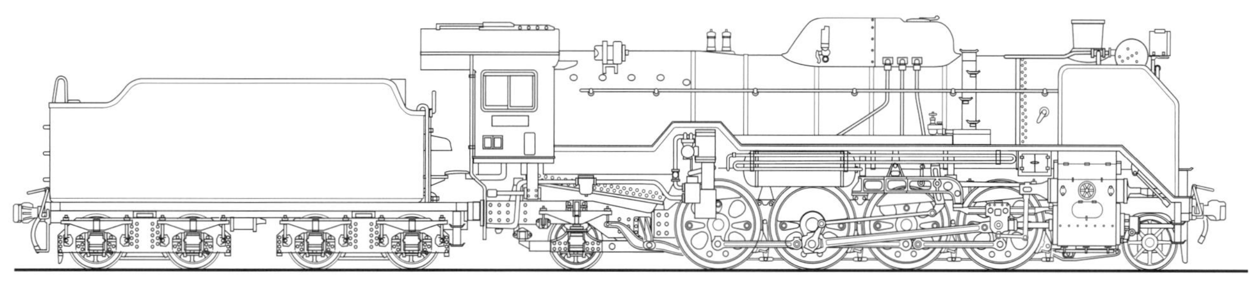

■ D51 標準量産型非公式側：ボイラー上に給水温め器を搭載することで、配管などのメインテナンスが容易になった、という。

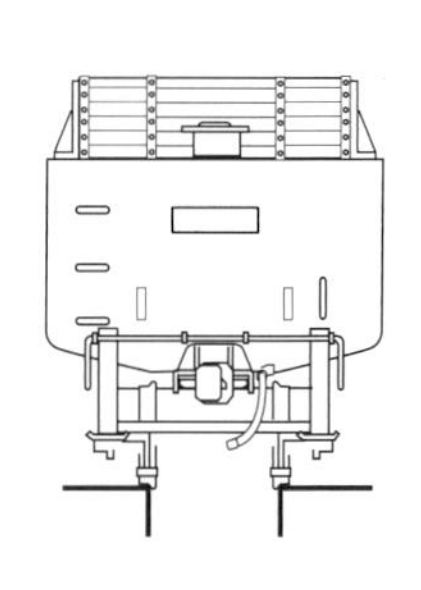

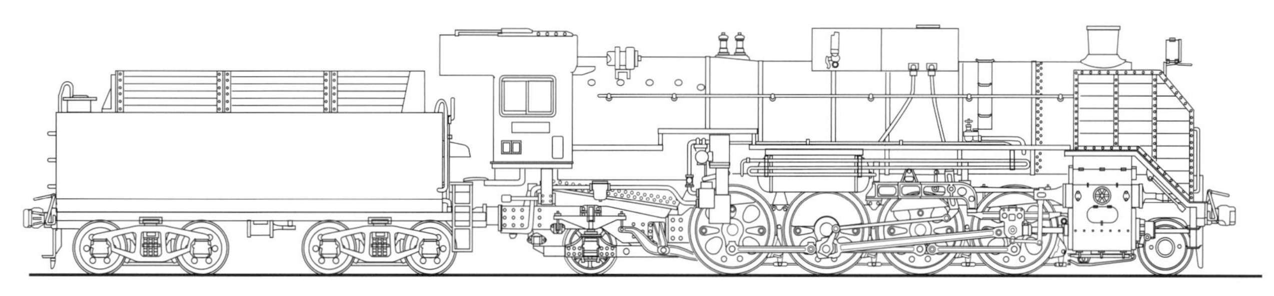

■ D511001 ～非公式側：「戦時型」仕様ではテンダーそのものが船底型の別型式となり、台車も貨物用の TR41 型が採用されている。

D51 型製造実績　■第一次（半流）型、試作機（■：第一次■：第二次■：第三次）、量産型、■準戦時型、■戦時型

	1936 (昭和 11) 年	1937 (昭和 12) 年	1938 (昭和 13) 年	1939 (昭和 14) 年
川崎車輛 221 輛	D51 1〜D5113 (1643〜1655) 16 輛 D5124〜D5126 (1738〜1740)	D5127〜D5137 (1741〜1744、1747〜1753) 30 輛 D5149〜D5167 (1807〜1819、1824、1825 1828〜1831)	D5171〜D5178 (1890〜1897) 8 輛 D51107〜D51120 (1932〜1945) 14 輛	D51265〜D51309 (2143〜2152、2168〜2177、2191〜2200、2203〜2217) 45 輛
汽車製造 107 輛	D5114〜D5123 (1371〜1380) 13 輛 D5138〜D5140 (1451〜1453)	D5141、D5142 (1454、1455) 2 輛	D5179〜D5185 (1532〜1538) 17 輛 D5191〜D51100 (1560〜1569) D51101〜D51106 (1570〜1575) 6 輛	
日立製作所 213 輛		D5143〜D5148 (813〜818) 9 輛 D5168〜D5170 (868〜870)	D51121〜D51133 (990〜1002) 15 輛 D51173、D51174 (1040、1041)	D51175〜D51186 (1042〜1053) 40 輛 D51310〜D51337 (1189〜1216)
日本車輛 228 輛			D51134〜D51146 (594〜597、662〜670) 13 輛	D51147〜D51172 (671〜696) 38 輛 D51379〜D51390 (754〜765)
三菱重工業 118 輛				
国鉄工場 228 輛		D5186 (国鉄浜松工場 19) 1 輛	48 輛 D5187〜D5190 (浜松 20〜23) D51199〜D51206 (浜松 24〜31) D51187〜D51194 (大宮 1〜8) D51211 (鷹取 1) D51212〜D51217 (鷹取 2〜7) D51220〜D51226 (小倉 16〜22) D51229〜D51231 (長野 1〜3) D51232、D51233 (土崎 1、2) D51234〜D51236 (郡山 1〜3) D51237〜D51239 (苗穂 1〜3)	58 輛 D51207〜D51210 (浜松 32〜35) D51245〜250、473〜477(浜松 36〜46) D51195〜198、243, 244 D51469〜D51472 (大宮 9〜18) D51218、219、251〜254、 D51478〜D51481 (鷹取 8〜17) D51227、228、255〜258、 D51482〜D51485 (小倉 23〜32) D51259、260、486 (長野 4〜6) D51261、262、487 (土崎 3〜5) D51263、264、488 (郡山 4〜6) D51240〜242、489 (苗穂 4〜7)

1940 (昭和15) 年	1941 (昭和16) 年	1942 (昭和17) 年	1943 (昭和18) 年	1944 ／ 1945 (昭和19/20) 年
D51564～D51575 (2417～2428) 12輛	D51576～D51580 (2429～2433) 5輛	D51748～D51762 (2692～2701、2718、2719、2725～2727) 15輛	D51763～D51772 (2728、2763～2766、2866～2870) D51843～D51845 (2871～2873) D51918～D51937 (2892～2901、2908～2917) 33輛	D51938～D51949 (2953～2964) D511130～D511160 (3008～3011、3013～3024 3026～3028、3030～3039 3041・3042) 43輛
D51442～D51468 (1861～1887) 27輛	D51581～D51588 (2024～2031) 8輛	D51773～D51785 (2256～2261、2665、2282～2286、2303) 13輛	D51786～D51790 (2326～2330) D51864 (2235) D51866～D51875 (2355～2364) 16輛	D51865 (2331) 1輛
D51338～D51378 (1217～1257) D51589～D51598 (1420～1429) 51輛	D51599～D51612 (1430～1443) D51642～D51659 (1460～1477) 32輛	D51695～D51706 (1649～1660) 12輛	D51707～D51727 (1661～1668、1679～1688、1699～1701) 21輛	D51876～D51895 (1814～1833) D511051～D511062 (1834～1837、1886～1893) 32輛
D51391～D51441 (766～816) D51613～D51615 (891～893) 54輛	D51616～D51631 (894～899、932～941) D51670～D51675 (995～1000) 22輛		D51734～D51747 (1136～1141、1182～1187、1211、1212) D51846・D51847 (1217・1218) D51916・D51917 (1219・1220) 18輛	D511063～D511129 (1229～1249、1272～1289 1291～1318) 67輛 D511161 (1373) 1輛
	D51632～D51641 (323～332) D51660～D51669 (336～345) 20輛	D51791～D51795 (360～364) D51801 (370) 6輛	D51796～D51800 (365～369) D51802～D51818 (371～387) D51896～D51901 (399～404) 28輛	D51902～D51915 (405～418) D511001～D511050 (419～468) 64輛
57輛 D51518～D51530 (浜松 47～59) D51506～D51515 (大宮 19～28) D51490～D51500 (鷹取 18～28) D51535～D51543 (小倉 33～41) D51548～D51550 (長野 7～9) D51551～D51553 (土崎 6～8) D51555～D51558 (郡山 7～10) D51559～D51562 (苗穂 8～11)	17輛 D51531～D51534 (浜松 60～63) D51516、D51517 (大宮 29、30) D51501～D51505 (鷹取 29～33) D51544～D51547 (小倉 42～45) D51554 (土崎 9) D51563 (苗穂 12)	23輛 D51685～D51689 D51819～D51826 (浜松 64～76) D51690～D51694 D51831～D51835 (鷹取 34～43)	27輛 D51827～D51830 D51848～D51852 D51861～D51863 (浜松 77～88) D51836～D51842 D51853～D51860 (鷹取 44～50)	

● D51の製造と戦渦

1115輛のD51型は、わが国の貨物輸送の担い手、貨物用蒸気機関車の決定版として、一気に量産がつづけられた。それぞれの製造年、メーカー、機関車番号等については別表にまとめた。国鉄工場についても同表を参照されたい。

これまでに例をみないほど大量につくられたD51型だが、貨物用標準機という位置づけから、国鉄向け以外にも同型の機関車がつくられている。

まず1939～44年に台湾向けにD51 1～32の32輛がつくられた。一部は戦争の影響で台湾に輸送できす、一時は国鉄線で使われた、という話も残されている。戦後はDT650型DT651～682に改番された。戦後1951年にも5輛が追加され、DT683～687となっている。

国内では私鉄向けにつくられたものもあった。D51型のような大型機が必要な私鉄、それはのちに国有化されて胆振線となる北海道の胆振縦貫鉄道で、鉱産物輸送用に1941、42年に汽車会社でD5101～04（製番2021～2023、2234）、1943年に日立製作所でD5105（同1785）の計5輛が活躍した。それらは1944年7月の国有化時に、空番となっていたD51950～954に改番された。

1949年にはソヴィエト連邦国鉄（樺太局）向けに30輛が製造されている。それはソヴィエトの機関車型式の基準から外れてD51型を名乗り、D51-1～30（番号の前に「-」が入る）となった。国鉄と同じ狭軌の樺太鉄道で活躍したが、一部が逆輸入されて静態保存されていたりする。

同じく樺太では恵須取鉄道（未完成）向けにつくられたものが2輛あったが、戦争の影響でそのまま国鉄に編入されている（D51864、865）。

一方、戦争の影響としては、1946年～軍供出として20輛（D5156、111、257、294、380，387、500、559、595、621、632 ～ 635、639、709、726、748、848、1048）が国鉄線上を離れた。このうち、D51621、632～635は中国海南島に送られたものである。海南島向けには日本窒素から1945年に受注して1輛のD51型がつくられたが、これも現地に輸送することができず、そのまま国鉄機として使われた。ラスト・ナンバー機、D511161がそれである。

戦災廃車として1949年前後に4輛（D511088、1092、1137、1140）が姿を消した。

● D51のその後、改造と改装

たとえばデフレクターや集煙装置、はたまた重油併燃装置など、数多くつくられ日本全国に活躍したD51型は、それぞれの地域で使い勝手のいいように改装された。晩年のD51を称して、それこそ1輛1輛がちがうスタイルをしていた、というのはその改装の結果、というものであろう。

各機の変化については、あまりにも膨大になることから、ここでは基本的な変化について書き留めておこう。

D51型には戦後、改造されて型式が変わったものがある。ひとつは、戦後の旅客用機関車の不足を補うために行なわれた「D→C改造」と呼ばれるもので、D52型を改造したC62型が知られるが、同様にD51型を改造したC61型がある。

戦後間なし、まだ機関車の新製などが認められていないGHQ（連合軍総司令部）指揮下にあったとき、「改造」名目でつくられたもので、ボイラーや一部補機類の利用があったものの、まったくスタイルの異なる旅客用機関車への改造は、新製に近いものといってよかった。

1947年にD51615をC61 1に改造したのを皮切りに、1949年までに33輛をつくり出す。C61型にはちゃんと製造番号も振られていて、三菱重工業と日本車輌が受持った。

もうひとつはD51型をより規格の低い路線で使用するためにD61型に改造したもので、1960、61年に3輛ずつ、計6輛がつくられた。逆に6輛しかつくられなかったのは、1960年代に入り蒸気機関車そのものの引退計画が打ち出されたことからだ、という。その代わり、国鉄最後の「新型式」蒸気機関車という称号が与えられた。

具体的に改造は従台車を二軸にして、1D2という軸配置としたもので、車輪数が増えた分動輪上重量が減ったことになる。同じような改造にD50型→D60型、D52型→D62型があるのはご存知の通りだ。

● D51型の終焉

1965年4月時点で1044輛が活躍していたD51型だが、その後「無煙化」のかけ声のもと「鉄道近代化」は順調に進められ、1975年度中の「蒸気機関車全廃」というスローガンが掲げられた。

1973年11月の時点で1044輛ものD51型がまだ現役として全国に残っていたのだが、期限が近づくと急激に数を減じていった。最後の月になった1976年3月、以下の41輛が最後のD51として残っていた。

1976年3月1日付廃車　25輛
滝川機関区：D5138、96、297、444、483、561、684
岩見沢第一機関区；D5153、59、60、146、149、165、260、566、737、855、1085、1116、1118、1120、1149
追分機関区；D511072、1119、1127
3月4日付　1輛
福知山機関区；D5125
3月10日付　9輛
追分機関区；D51231、241、345、397、465、603、733、916、1086
3月19日付　6輛
追分機関区；D5170、118、349、565、767、819

この最後のD51型は、折からのブームにも乗って、ほとんどが各地で保存されることになったのは、せめてもの慰めというものだったかもしれない。

追記：しかし、1976年4月13日、追分機関区の扇形庫が火災に遭い、D51241, 465, 603, 1086の4輛が9600型1輛、ディーゼル機関車8輛とともに焼失した。D51241は1975年12月24日、蒸気機関車が牽く本線「最終列車」として夕張線6788列車を牽引後、「追分鉄道記念館」に保存予定だったのをはじめとして、それぞれが保存機として展示の予定であった。結局、D51241は代わりにD51320が地元に保存（「安平町鉄道資料館」→「道の駅あびら」）、D51241は動輪のみが残されている。

追記2；国鉄がJR各社に分割民営化されたのち、JR東日本ではD51498が動態保存されているほか、JR西日本でも本書で採り上げたD51200が2017年から動態保存機として、保存列車を牽引するようになった。

D51の残照
「奥中山」のこと

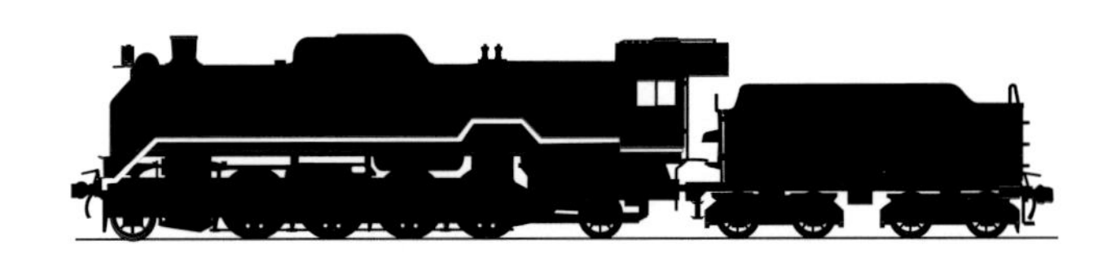

● 50年前の「奥中山」—— 幹線をいくD51「重連」

思い返してみて、真剣に「D51の走る線」を追い掛けたことが、意外なほど少ないことに気付いた。それは趣味性のせいかもしれない。どこかアマノジャクな部分は趣味人の特性というようなもの。有名撮影地の絵はがきシーンはきっと多くの人が記録に残すことになるだろうから、われわれはあまりスポットの当てられていない場所や機関車を見出して、なんとか記録として残しておきたい。そんな若々しい使命感とともに走り回ったものだ。

結果として、メジャーもメジャーなD51型よりも、地方のローカル線や小私鉄などに時間を割くようになった。たとえばD51とC62とが走っていた常磐線など、C62の牽く列車に

この奥中山訪問の3ヶ月前、列車で奥中山を通過することがあった。ここが有名な奥中山、初めてそう意識した。運のいいことにちょうどすれ違いでD51重連+後補機の貨物列車がやってきた。写真を撮りに来たい、そう思わせるシーンであった。

焦点が集まり、勢いその合間に通過して行くD51の牽く貨物列車など、フィルムが惜しいと見逃したりもしたものだ。いま考えるとなんとももったいない話なのだが、じっさいに残されたフィルムを見直すと、まさしくコマ数に如実に現われている。だいたいがD51しか走っていない路線にはあまり足を運んでいない。というよりも、D51だけが…　という路線は意外なほど少なかったりもした。

　たとえば、中央西線、伯備線、山口線、肥薩線矢岳越えなどは、晩年D51の活躍した路線として記憶に残るが、その全貌をまとめられるほど熱心に訪れてはいなかった。そして、他の機関車と一緒に走ってくる路線では、先述の通り、量産機関車のD51は疎んじられていたのだから、始末に悪い。決して愛着がなかったわけではないのだけれど、限られた時間、限られたフィルムでは、そうするしかなかったともいえる。

盛岡を出発する普通539レはC6020+C6019の重連であった。発車してからというもの、もう興奮しっぱなしであった。奥中山までの時間はあっという間に過ぎた。

途中の沼宮内駅では20分ほどの停車時間があった。もちろん撮影に及んだのはいうまでもあるまい。

閑話休題、というわけで「奥中山」を採り上げようと思う。東北本線の岩手県北部の十三本木峠、駅でいうと奥中山〜小繋間。「電化前の東北本線、最大の難所のひとつ」などといわれたが、いまやその区間は東北本線でも JR ですらなく、IGR いわて銀河鉄道、駅の名も奥中山高原駅になっている。当時は東北、北海道と首都圏を結ぶ幹線のネック区間として知られ、輸送力を確保するため、D51 を含む蒸気機関車の「三重連」がみられることで、蒸気機関車晩年には多くの鉄道好きを誘った。ちなみにこの区間の電化が完成したのは 1968 年 8 月。東北本線に残された最後の非電化区間でもあった。

われわれがカメラを持って鉄道写真を撮りはじめて間なしのころ。やっと泊まりがけで撮影行に出掛けることができるようになった時期、である。

やってくる列車はほとんどが重連、後補機が付いていたりした。普段経験したことのない迫力に、ただただ夢中でカメラを向けたのだった。

D51 型同士の重連、というだけでなく、D51 と C60 や D51 と C61 の重連だったりして、興味は尽きることがなかった。右の写真は D51 の三重連！長いコンテナ列車を牽いて、複線区間に突入しようとしているところだ。

実はそのときも「奥中山」だけを目指して行ったわけではなかった。北海道の行き掛けの駄賃、電化を半年後に控えた最後の「三重連」を追ったのであった。

上野駅を夜行列車で発って、早朝の盛岡駅に着く。当時の鉄道趣味は、数多くの機関区を訪ねてより多くの機関車をフィルムに収める、というのが主流であった。列車走行写真はよほどの余裕がなければできない。効率が悪過ぎる。まずは盛岡の機関区を訪ね、その後 07 時 50 分発の普通列車 539 レで向かう予定を立てていた。10 分延発になったその列車は、C6020 + C6019 の重連であった。蒸気機関車の牽く列車、もう走り出した途端から興奮状態だ。

左上の写真は D51 の重連、早秋の曇天だったが、このときは急に陽が照って、蒸気機関車を輝かせてくれた。さすがは北の大動脈、東北本線だ。列車密度は濃く、撮影ポイントの移動もままならない。列車写真初心者は、しっかりとした作戦もないままだ。

旅客列車は本務の C60 型や C61 型に、D51 の前補機というのが多かった。すでに電化を控え、架線が張られたりしてはいたものの、走ってくる機関車の迫力に、そんなことはどうでもいいような気持になっていた。

D51 886

途中、沼宮内駅で 20 分停車する。もちろん、勇んで写真撮影に費やしたのはいうまでもない。

そうだ、断っておくが、当時の写真撮影の自由さはいまとは較べものにならない。駅員さんに「写真撮っていいですか」とひと言断れば、線路に降りて反対線路に渡って、などというのも許された。もちろん、われわれも「指差確認」を励行しながら、いっぱしの鉄道員になったつもりで注意を払い、撮影を行なっているものだ。昨今の、線路内立入り禁止、などと厳格にいわれるのとは別世界の時代である。

09 時 19 分奥中山駅着。帰りは 16 時 19 分発の列車の予定だから、まるまる 7 時間「奥中山」を楽しもう、というわけであった。さて、憧れの地に着いてはみたものの、はてさてどこでどう撮ったらいいものやら。鉄道走行写真はまだはじめたばかりの初心者。撮影ポイントをどう選ぶか、わずかながらの知識として先輩の写真や雑誌は見ていたものの、いざ実践となると戸惑う部分も少なくなかった。

並行して走る道路にはほとんどクルマの姿がみえない。まだまだ鉄道が陸上輸送の主役であった時代を思わせる。もちろん、われわれとて、クルマを使って撮影行になどとは考えも及ばない時代だ。

重連の貨物列車の最後尾には後補機が付いていた。後補機も前の重連に負けず力闘を見せてくれているのに驚かされた。重連も三重連も、本当に必要だからこそ、だった。そのことを知って、いっそう感動を憶えたものだ。

いま旧いネガを取り出してきて眺めてみても、初々しさが感じられいささかの気恥ずかしさとともに、闇雲に頑張るだけは頑張ったよなあという思いが募る。似たアングルなのも、なにしろ撮り方のヴァリエイションも知り得ていない年頃の話だから。だけれども、紛れもなくその時間の貴重な記録として残ってはいるのだ。むかしの写真を眺めては、思いを巡らせる時間も悪いものではない。

繰返すが､さすがは北の大動脈｡列車はけっこうな頻度でやってくる。どれもが長い編成で「重連」「三重連」なのも大幹線ならでは、というものだ。

そもそも「重連」というのは､単純に 1 輌の機関車の牽引キャパシティを超えていて、それを倍の 2 輌の機関車が力を合わせて走る、というもの。もっとも全区間重連が必要というわけではなく、途中に勾配のある難所があって、そこのために重連を組むというのが一般的だ。それとは別に、機関車を回送することを兼ねて「重連」を組むことも少なくなかった。別に回送列車を走らせるよりも重連にして列車本数を減らした方がなにかと便利だ。そういう場合も形の上では「重連」になる。

「三重連」は 2 輌でも足りず、3 輌で運転するわけだが、本当に必要で日常的に「三重連」を組んでいたところというと、まずは主要幹線のひとつ、東北本線の「奥中山」が思い起こされたのだった。

盛岡機関区、青森機関区に加えて一戸、尻内にそれぞれ機関区、管理所があって、補機としてだけの運用もあった。つまり、盛岡区、青森区の D51、C60、C61 を中心に、補機が連結されて重連、三重連、ときには後補機などが組まれて、ヴァリエイション豊かな列車がやってくる。

この日、２本目の「三重連」がやってきた。先頭に立つのは「ナメクジ」D5157。シールドビーム二灯装備のD5157 は、主灯のみを点灯している。これもコンテナ列車、速く重量貨物を走らせるための「三重連」と解釈した。

とはいっても、当時のわれわれは大した知識があるわけでもなく（同時に情報自体もなかった）、ただただ次々に来る列車に歓声を挙げていたような気がする。機関車運用表やダイヤグラムが雑誌の付録に付いたりして、次の列車は「重連」だなどと解ってしまうのは、もう数年のちの「ブーム」がやってきてからのことだ。

本当なら「三重連」のはずの１本がDD51ディーゼル機関車の重連になっていたこともあって、この日、三重連が見られたのは２本だけであった。それでも満たされた気持で、奥中山駅16時19分発の540レの人となった。逆に盛岡方面に４駅先の好摩へ向かう。翌日は花輪線、そしてその後、北海道に渡り撮影三昧の日々を過ごしたのであった。

このページの２点は友人、笹本真太郎君が撮影したものだ。前年の秋に奥中山に撮影に出掛け、すでに架線用のポールが立っていたと情報をくれたのであった。

やって来た「三重連」の１本はとっておきのカラーで撮影した。コンテナもまだ「チキ5000」型であった。

D51 246

電化と同時に複線化も進められており、下の写真はその新線部分（列車は走っていない）で撮影したもの。初心者とはいえ、線路内立入りなど先輩に教わっていた注意点を心して一日を過ごしたのだった。カラーは、ホンの数カットだけ、マミヤ・プレスで撮影したものだ。

D51499のこと

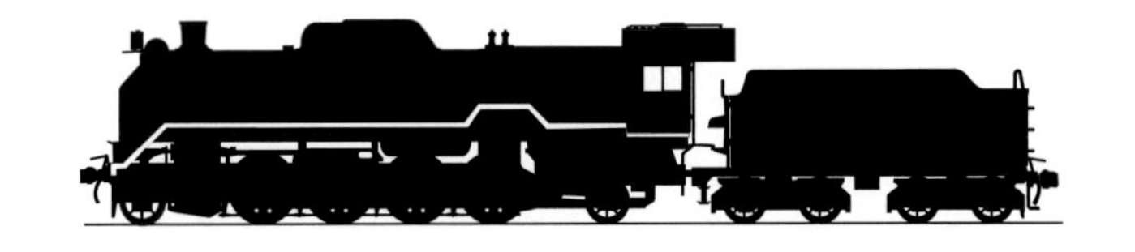

D51498が走る

D51499タイプのデフレクターを装着した動態保存機、D51498が走る。いてもたってもいられない思いで、磐越西線を目指した。本当に見たかったあのデフレクターやってくるのだろうか。機関車が登場して、初めて納得したのだった。

福知山機関区で山陰本線筋で長く活躍した機関車だ。担当工場である後藤工場で1953年には集煙装置を、加えて1957年には後藤工場式切取りデフレクターが装着された。のちに、集煙装置は鷹取式に変更されてはいるが、その独特のデフレクターで注目を集めた機関車だ。
　いや、注目を集めたといっても、数多いD51のこと、じっさいにD51499に興味は持ったものの、なかなか遇うには至らず、結局は友人から頂戴した写真のみで終わっていた。
　一方、D51498はJR東日本の動態保存機としてよく知られる機関車。1940年、鉄道省鷹取工場製のこの標準量産型D51型は、1972年12月に廃車となり、その後は上越線後閑駅で静態保存されていた。しかし、国鉄民営化後のJR東日本で動態化が決定され、大宮工場で復元工事が施された。1988年11月に動態に復帰し、ちょうど日本国内を走っていた「オリエント急行」の牽引を皮切りに、上越線での運転を主に復活運転に活躍をみせている機関車だ。
　そのD51498に「1番ちがい、同じ鷹取工場製」のD51499のデフレクターが装着された。2010年から集煙装置とともにD51499に付けられていたのと同じ「後藤工場式デフレクター」を装着、2011年7月までの間、その姿で活躍していたのである。そんなD51498が磐越西線を走る！
　D51499のデフは数多いD51型のなかでも、似合いのひとつであり、しかも1輌のみという貴重なスタイルであった。現役時代から、見たい見たいと思いつつ果たせなかった機関車のひとつ。そのD51499スタイルの機関車、しかも走る姿が見られるとあっては、見果てぬ夢を取り戻せる絶好のチャンスというものではあるまいか。しかも、いつもの上越線とはちがう風景のなかを走る！
　いてもたってもいられず、磐越路を目指した。2011年5月のことである。

汽車を待つひとときむかし、まだ蒸気機関車が実際に走っていた頃、多くの時間を線路端で過ごした時期がある。とはいっても、じっさいに列車が目の前を通過するのはホンの一瞬。線路端で過ごした時間の大半は列車を待つ時間であった。そこでいろいろなことを考え、同好の仲間と語り合ったりした。そうした時間は趣味の醸成にかけがえのないものだった。

その感覚は久しぶりのものだが、かつてとはずいぶんおもむきの違うものであった。この日、一番の撮影ポイントと決めたのは早出川橋りょう。五泉駅を出て勾配を登り、そのまま 11 連の上路プレート・ガーダー橋を渡る。長さ 252m、明治末期に磐越西線が開通したときの姿をとどめる貴重な場所である。それとあってか、もう多くの鉄道好きが三脚を立てて列車を待っている。基本的には先に来た者順なのだが、そこは同好の仲間、三脚の隙間にしゃがませてもらい、なんとかポジションを得る。列車、特に蒸気機関車牽引列車は煙など不確定要素が大きく、むかしから三脚は使わない主義だった。かつては、中判カメラと 35mm 一眼レフとを使い分けていたが、昨今は優秀なディジタル・カメラのおかげで、それ 1 台でこと足りてしまっている。

それとクルマの多いこと。蒸気機関車の末期、最初にクルマを駆使して効率的な鉄道写真撮影を実践した自負は持っているが、一方で、こんなにクルマが自在になってきたことは、すなわち鉄道の衰退を暗示していることを実感したものだ。特に地方のローカル線、小私鉄など、なくなる直前をなんとか写真に収めることができたのはクルマのおかげ、であった。

現代の鉄道写真はクルマで線路端までやって来て、ディジタル・カメラで連射し、余力があれば動画を収める、というのが一般的になっているようだ。三脚だけ立てて、クルマのなかで休息を取っているなんて輩もいるそうな。まあ、趣味のあり方はいろいろだからいいけれど、かつての、列車を待つ時間の貴重さを改めて思い起こしたりしたのだった。

やがて、向こうの駅のあたりだろうか、汽笛が聞こえ煙がみえた。やってきた D51498 はまちがいなく「あの」夢見たデフの姿であった。いつもの C57 とは違う迫力。来た甲斐があったなあ、最初の撮影だけでも充分な満足感に包まれてしまっていた。

D51 498

D51 498
D51
ばんえつ物語

それにしてもディジタルは新しい表現を可能にしてくれている。三川駅近く、御前トンネルを抜け特徴的なトラスの御前橋りょうで撮影する。阿賀野川に掛かる背の高いワーレン・トラス２連は、正面から少し俯瞰気味に撮ったらおもしろい写真になる。ご存知の方は周知のように、このトラスの上に掛かる位置に電線が通っている。

そのむかしの写真撮影でも、電柱や電線などは邪魔ものとして、できるだけ写真に入り込まないのがいい撮影地、とされてきた。電柱一本があるために、いい角度のカーヴが撮影ポイントにならないことも少なくなかった。写真は真実の記録、という大原則はあるけれど、構図を優先して電線を処理してみよう、と御前橋りょうとその手前のカーヴで撮影した。

走行写真は、鉄道写真の醍醐味というところだろうが、実は、われわれの鉄道写真のスタートはいかに多くの機関車、車輌をカメラに収めるか、記録しておくか、というものだった。D51 のす

D 51 498

　模型を楽しんでいることも影響しているかもしれない。本書の前半で実現したが、模型の参考のために微に入り細に入り車輛などのディテール部分を撮影をすることにも心した。
　時間も財布も軽い若かりしころは、走行写真など効率が悪く、まずは機関区を訪ねてできるだけ多くの機関車を撮影してくる、というのが基本だったのだ。
　やがてクルマのおかげで、ローカル線の日に１本というような列車もしっかり写真にまとめることができるようになった。
　それでもそれだけでは済まない。そう、かつてのローカル線でも終着や途中駅での待ち時間などを利用して、機関車単体の写真、さらにはディテール写真も頑張ったものだ。この日も、津川駅の停車時間を利用して、細部を撮影した。

蒸気機関車は手間のかかるのりものである。機関士と機関助士さんも運転するだけでなく、停車時間の長い駅では石炭を均し、給水を行ない、各部をチェックしてまわる。楕円形の大きな銘板は昭和15年、鷹取工場製であることを示している。

この日のハイライトはやはり一ノ戸川橋りょう。山都～喜多方間、阿賀野川に合流する直前の一ノ戸川の両岸に広がる畑地、小さな集落、そして一ノ戸川、併行する県道とそこから分かれる脇道、それらを長さ445mの鉄橋で一気に越えてしまうのだ。特に中央の川に掛かる部分は「ボルチモア・トラス」と呼ばれる長さ205フィート（約62.4m）のダイナミックな上路式トラスで、1910年12月に開通した「明治のトラス橋」は歴史的にも貴重なもの。われわれには、機関車を浮き立たせてくれ、しかも邪魔ものがない絶好の撮影ポイントとして知られる。

待つことしばし。遠くからと真横からのショットを撮って、D51の復路を待つこともなく、満足して帰路に着いた。上はいつものC57の列車を鉄橋下から撮った「作例」だ。

D51 498
2

Banetsu Monogatari
3

D51 498

D51499 が佇む

そうだ、見果てぬままであったD51499も見に行こう。先にD51498の走りを磐越西線で堪能してからというもの、こうとなったらぜひともD51499を見てみたい、と思うようになっていた。幸いなことに、1973年に奈良機関区で廃車になったのち、D51499は地元近くの三重県津市の「津市偕楽園」に保存されている。

説明板には1941（昭和16）年2月1日に国鉄鷹取工場で誕生したのち、「三重県内の紀勢線、参宮線を32年以上走りつづけ…」とあるが、完成後の配置は広島局糸崎機関区、戦後、1950年に鳥取機関区に転属となってからは、ずっと山陰筋で活躍、1958年9月に福知山機関区に転属している。関西地区での使用は1年半ほどの間に過ぎない。

特徴的なデフレクターも山陰本線で活躍当時、そのときに担当工場であった後藤工場で改装されたものだ。前後して、集煙装置、重油併燃装置も装着され、その重油タンクがドーム後方のボイラー上に取付けられている。

蒸気機関車晩年になってディーゼル機関車の導入などによって、1972年に亀山機関区、さらに奈良運転所に移転、1973年9月1日付で廃車後、10月に保存展示のためにここに運ばれてきたものだ。

線路とともに腕木式信号機などがレイアウトされ、展示されている。

D51 499

D51499 のデフレクターは、やはり個性的でよく似合っている…

D51 499

蒸気機関車（ＳＬ）
機関車の歩み
明治５年９月１２日、日本で初めて鉄道が開通し、蒸気機関車が走りました。大正８年には国産の電気機関車が生まれ、昭和７年にディーゼル機関車が生まれました。
Ｄ５１型４９９号について
この機関車は昭和１６年２月１日に兵庫県で誕生し、三重県内の関西線、紀勢線、参宮線を雨の日も風の日も３２年以上走り続け、昭和４８年９月１７日、役目を終えました。
その間に走った距離はなんと２０５万キロメートル（地球を約５１周）にもなりました。多くの人々に親しまれたこの機関車は、昭和４８年１０月９日に大型トレーラーでこの公園に運ばれました。
この機関車は、朝井憲一氏から経費の寄贈を受け国鉄より貸与されたものです。

住所を頼りに、「津偕楽公園」を目指した。津の駅からもホンの数分の距離だという。偕楽公園自体は丘ひとつ全体が公園というような大きな公園で、桜やつつじが有名なところだそうな。その丘の裾、通りに面した一角に D51499 がおかれていた。

おお、まちがいなく D51499 だ。見慣れた D51 型でも、独特のデフレクターはひと目見ただけでそれと知れる。思わず駆け寄ってしまったのだが、近づくに連れ、だんだん気持が暗くなってきた。動輪をはじめ車輪の中心部が赤く塗られているのはまあ目をつぶるとしても、あまり状態はよろしくないようだ。この D51499 に限ったことではないのだが、数多く保存されている静態保存機関車は、ときとともに手入れが行き届かず、なかには朽ちてしまいかけているものもある、と訊く。もちろん、もと鉄道の OB などを中心に保存会がつくられるなど、ヴォランティアで綺麗に保たれていたりする例もあるのだが、保存開始から 40 年以上を経て、そうした保存努力の差が大きく現われてしまっている。

キャブなど、窓はすでになく、吹込む雨風はいっそう状態を悪くしているだろう。先日、美しく保たれ、力走を見せてくれた D51498 を堪能しただけに、いっそうその差に気持が暗くなった。

やはり、蒸気機関車は走ってこそ、生きていてこそ魅力的なもの… そんなことを実感したのだった。

D51 499

D51 を観察しに行く

D51426（さいたま市「鉄道博物館」）

各地に保存されているD51、そのなかでも博物館、国鉄工場系に残っているものを中心に紹介する。右は懐かしい東京万世橋にあった「交通博物館」。その入口正面には、新幹線0系とD51426の前面が展示されていた。

1921年10月14日、「鉄道50周年」を期して「鉄道博物館」として開設されたものだが、2006年に閉館。翌年開館したさいたま市の「鉄道博物館」に多くのものが引継がれた。D51426も左の写真のように入口のモニュメントとして展示されている。

D51426は日本車輌で1940年に製造（製造番号801）され、北海道追分機関区を皮切りに、戦後は尻内機関区で東北本線の列車を中心に活躍した。晩年は厚狭機関区にあって、1972年4月に廃車。

前頭部が展示されるとともに、キャブも館内に展示されていた。さいたま市の「鉄道博物館」に移ってからは、「運転シミュレーター」になって、人気を集めている。

「1972（昭和47）年鉄道100周年記念」として、当時の国鉄広島工場で展示用に施工されたことを示すプレートが、前エンドビーム部分に取付けられていた。右はキャブ部分を使って運転模擬体験のできる博物館で人気の「運転シミュレーター」。

D51452（「青梅鉄道公園」）

東京、青梅市の「青梅鉄道公園」は1962年に「鉄道90周年記念事業」として開設された。その名の通り、ゆったりと広がる公園のなかに車輛が展示されているといったふうで、「鉄道記念物」の1872年、英国ヨークシャー社製、110型蒸気機関車をはじめ、2120型、5500型など明治の機関車が見られる貴重な博物館だ。

その正面に展示されているのがD51452。1940年、汽車会社製（製造番号1871）で、仙台鉄道管理局にあって、原ノ町機関区、青森機関区など東北筋で活躍ののち、1967年7月に竜華機関区に移転。関西本線で「さよなら列車」の先頭に立ったりしたのち、1972年5月、廃車になる。

青梅鉄道公園には1972年から展示されているが、集煙装置付のスタイル。キャブ内立ち入り可能となっている。

51 452

D51 452

D51 452号（D51形式テンダ蒸気機関車）

この形式は、D５０形式（大正12年から製作）に代わる主要幹線貨物列車用として、昭和１１年から製作されました。 終戦までに、同一形式としては最多数の1,100両以上が製作されて全国に配置され、デゴイチ（D 51）の愛称で親しまれています。
とくに戦後の貨物輸送を通じて日本の経済復興に大きな役割を果たしました。
この機関車は昭和15年汽車会社で製作され、昭和40年まで東北本線 郡山ー盛岡間で、その後昭和47年まで関西本線 亀山ー天王寺間で活躍し、32年間に213万km(地球を60周)を走破して、この地に引退したものです。

機関車全長		19,500mm
シリンダ直径X行程		550mmX660mm
使用蒸気圧		15kg／cm
機関車重量	運転整備	76.80t
	空　車	68.50t
テンダ重量	運転整備	46.20t
	空　車	18.20t
動輪直径		1,400mm
最大馬力		1,280馬力
軸輪配置		1-D-1

架線注
D 51 452
8-20B

D51 1

（「京都鉄道博物館」）

D51 のトップナンバー機、D51 1 は、D51200 とともに、もと「梅小路蒸気機関車館」に保存されている。D51200 は動態に復活したが、こちらは静態での保存である。

1936 年 3 月に川崎車輌で製造（製造番号 1643）された。トップナンバーではあるが、完成したのは D5114 より 1 ヶ月近く遅い。完成後は稲沢機関区、大垣機関区など名古屋地区で使われ、その後、上諏訪機関区、盛岡機関区、青森機関区などで活躍した。いくつもの記念列車などに使われたのち、1972 年「梅小路蒸気機関車館」開設の折、

「碓氷鉄道文化むら」は、かつてアプト式区間であった横川～軽井沢間の廃止に伴い1999年4月、かつての横川機関区あとにつくられた。アプト式のED42型電気機関車をはじめ、多くの電気機関車などが展示される。

蒸気機関車としてはD5196が展示されている。1938年、汽車会社製（製造番号1565）で、松本機関区をはじめとして、長野地区で長く使われたのち、晩年は北海道で過ごし、1976年3月、滝川機関区で廃車。埼玉県長瀞町で保存されたのち、2000年4月から「碓氷鉄道文化むら」に移転展示。

D5196（「碓氷鉄道文化むら」）

D51 96

準鉄道記念物
D51187号蒸気機関車
配置区所及び使用線区
主要性能
東日本旅客鉄道株大宮総合車両センター
D51187

D51型は、国鉄工場でも製造が行なわれたが、D51187は現さいたま市「JR東日本大宮総合車輛センター」、当時の鉄道省大宮工場でつくられた、同工場の製造第一号機である。

大宮といえば、旧くから鉄道の街として知られるもので、このD51187も1971年10月に「準鉄道記念物」に指定され、工場近くに展示される。D51187は地元近くの田端機関区で使用されたのち、戦後は姫路機関区、浜田機関区などに転属。1971年8月に廃車後、大宮工場にて整備復元され、保存される。

「大宮車輛総合センター」前のこの通りは「レールウェイ・プロムナード」と名付けられ、そのシンボルともなっている。

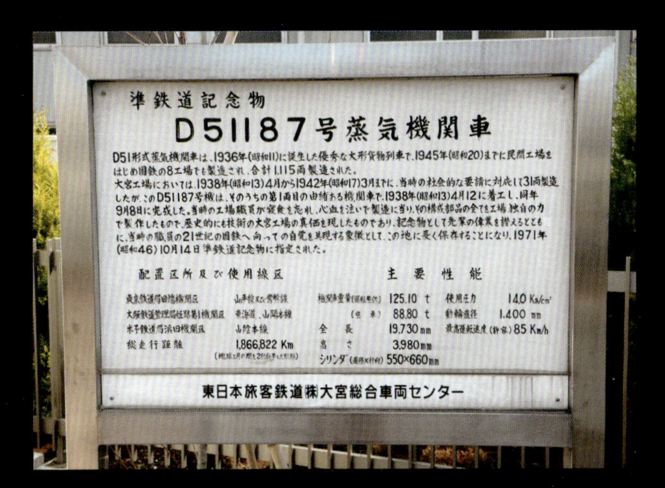

D51187 (「大宮工場」)

北海道の車輌工場として明治末期からの長い歴史を持つ工場。現在も JR 北海道の重要な基地として機能しているが、かつて苗穂工場で製造された第一号機である D51237 が保存展示されている。

1938 年 10 月に完成した D51237 は、岩見沢機関区をはじめとして、ずっと道南地区で活躍し、1974 年 7 月に小樽築港機関車で廃車。「苗穂工場 70 周年」にあたる 1978 年 10 月、静態保存された。デフレクター切詰め、密閉式キャブ装着など、晩年の北海道仕様にされているが、C62 3 やキハニ 5000 型などとともに屋根下で整備されている。

D51237 （「苗穂工場」）

D51237

D51237

D51237号機の保存について

D51237号諸元

製造年		昭和13年
製造所		鉄道省苗穂工場
重量	機関車(運転整備t)	77.70
	炭水車(運転整備t)	47.40
	機関車(空車t)	69.40
	炭水車(空車t)	19.40
主要寸法	最大長(mm)	19,730
	最大幅(mm)	2,936
	最大高(mm)	3,980
	シリンダ直径(mm)	550
	ピストン行程(mm)	660
	動輪直径(mm)	1,400
使用蒸気圧(kg/cm²)		14.0
火格子面積(m²)		3.27
最大動輪周馬力(ps)		1,280
最大運転速度(km/h)		85
ボイラ水容量(m³)		7.4
水タンク容量(m³)		20.0
燃料積載重量(t)		8.00
煙管	大煙管(本)	28
	小煙管(本)	90

D51237
鉄道省
苗穂工場
昭和13年
S
積 12.5
空 9.0

DT668（台湾「影化扇形庫」）

かつて台湾ではいくつもの国鉄と同型の蒸気機関車が送り込まれ、活躍した歴史がある。そのなかで、D51 型と同型機の DT650 型 DT668 号機が保存されている。

DT668 は 1941 年、川崎車輛製（製造番号 2593）で、当初は日本国内と同じく D51 型とされ、D5118 の番号を付けていた。基本的に量産標準型の D51 型だが、煙室扉にクリートが付いていること、カウキャッチャーが装着されていることなどが特徴。台湾中部の影化扇形庫で、他のいくつかの機関車とともに保存、2011 年には動態復帰している。

本当は「デゴイチ」じゃなくて「デコイチ」っていうのが正しいんだ、現場ではそう呼ばれているんだから。先輩に教わったのはいつだったろうか。まだ、鉄道写真を撮影するなどというのは、一部の限られた「マニア」の楽しみ、であった。その後、１９７０年代になって蒸気機関車の全廃が近づくと、にわかに「ブーム」の様相を呈してきた。もはや「デゴイチ」の名前が新聞その他、メディアで普通に使われる言葉になり、蒸気機関車に変わって「ＳＬ」の文字が踊った。

まあ、「ブーム」というのは恐ろしいもので、どっと押し寄せるようになった俄 SL ファンに、線路内の立入りは厳しく制限され、先輩方のなかにはあまりの喧噪に嫌気がさしてか、蒸気機関車の消滅を待たず線路端から遠ざかったひともいた。小生もメジャーなポイントはいささか敬遠しつつも、蒸気機関車だけでなく消えようとしていたローカル線や小私鉄など、一刻を惜しむようにして走り回っていたものだ。

あれだけ熱心に追い掛けていた蒸気機関車がなくなってしまったら、どうするのだろう。模型をつくるひと、対象を鉄道全体に広げるひと、鉄道趣味から離れてしまうひと、いろいろであった。小生はというと、海外などに残されていた蒸気機関車を追い掛けるとともに、佳き時代のクルマを愛好するようになった。クルマは所有でき、自分で「ひとり博物館」することもできる。鉄道車輛はそうはいかないところがなんとも口惜しいのだが、その代わりに全国の自治体を中心に、公園や博物館など、多くの場所で数多くの蒸気機関車が保存されることになった。

それは素晴らしいことではあるのだが、40 年以上の年月が経過してみると、綺麗に保たれているものとそうでないものとの差は、なんとも隠し切れなくなっている。このまま消滅してしまいそうな保存機関車も少なくない。２輌の D51 型をはじめとして、全国でいくつもの蒸気機関車が動態保存され、運転されてもいる。それは嬉しいことなのだが、これも、願わくばイヴェントとしての運転でないことが望ましい。本来的な意味での保存は、かつての姿をできるだけ周囲の雰囲気を含め保っておくことだ。

いや、絵空事ではない。海外を眺めてみると、名機と呼ばれる機関車が次々に復活したり、線路全体を保存するような動き

がつづけられている。観光と実用を兼ねたような蒸気機関車の走る路線が、日本のどこかにはあってもいいではないか。

かつて陸上交通の王者といわれた蒸気機関車。その滅亡は恐竜の姿にもたとえられたりする。恐竜を蘇えらせることはできないが蒸気機関車は、いまなら残し保っておくことは可能なことなのだ。蒸気機関車の迫力を次代にも伝えなくては。

わが国の蒸気機関車の代表というべき D51 型を題材にした一冊をまとめたいま、ふとそんなことに思い至ったりするのだった。あれほど日本全国で活躍していた D51 をはじめとする蒸気機関車が、わずか数年の間に消えてしまった。その時期に遭遇したわれわれは、あの蒸気機関車の勇姿が忘れられないでいるのだ。

文末になってしまったが、本書制作にあたり、写真撮影に協力いただいた JR 西日本、また版元のメディアパル、とりわけ磯田 肇社長はじめ多くの方々に謝意を表して結びとする。

2019 年鉄道の日を前に　いのうえ・こーいち

著者プロフィール

いのうえ・こーいち　(Koichi-INOUYE)

岡山県生まれ、東京育ち。幼少の頃よりのりものに大きな興味を持ち、鉄道は趣味として楽しみつつ、クルマ雑誌、書籍の制作を中心に執筆活動、撮影活動をつづける。近年は鉄道関係の著作も多く、月刊「鉄道模型趣味」誌に連載中。主な著作に「C62 2 final」、「世界の狭軌鉄道」全6巻、「図説電気機関車全史」（以上メディアパル）、「図説蒸気機関車全史」（JTB パブリッシング）、「名車を生む力」（二玄社）、「ぼくの好きな時代、ぼくの好きなクルマたち」「C 62／団塊の蒸気機関車」（エイ出版）、「フェラーリ、macchina della quadro」（ソニー・マガジンズ）など多数。また、週刊「C62 をつくる」「D51 をつくる」（デアゴスティーニ）の制作、「世界の名車」、「ハーレーダビッドソン完全大図鑑」（講談社）の翻訳も手がける。季刊「自動車趣味人」主宰。

株）いのうえ事務所、日本写真家協会会員。

連絡先：mail@ 趣味人 .com

著者近影　　撮影：イノウエアキコ

D51 Mikado

発行日　2019 年 10 月 14 日
初版第 1 刷発行

著　者　いのうえ・こーいち
発行人　磯田　肇
発行所　株式会社メディアパル
〒 162-8710　東京都新宿区五軒町 6-24
TEL 03-5261-1171
FAX 03-3235-4645

印刷・製本　図書印刷株式会社

ISBN 978-4-8021-1039-6 C0065